中国轻工业“十三五”规划立项教材
高等学校生物工程专业教材

精酿啤酒酿造技术

郭书贤　仝奋飞　主　编
李慧星　吴　雨　纪　华　副主编

中国轻工业出版社

图书在版编目（CIP）数据

精酿啤酒酿造技术/郭书贤，仝奋飞主编. ——北京：中国轻工业出版社，2024.5

ISBN 978－7－5184－2786－4

Ⅰ.①精…　Ⅱ.①郭…　②仝…　Ⅲ.①啤酒酿造—高等学校—教材　Ⅳ.①TS262.5

中国版本图书馆 CIP 数据核字（2019）第 278662 号

责任编辑：江　娟　王　韧
文字编辑：狄宇航　　责任终审：劳国强　　封面设计：锋尚设计
策划编辑：江　娟　　版式设计：砚祥志远　　责任监印：张　可

出版发行：中国轻工业出版社（北京鲁谷东街 5 号，邮编：100040）
印　　刷：三河市国英印务有限公司
经　　销：各地新华书店
版　　次：2024 年 5 月第 1 版第 3 次印刷
开　　本：787×1092　1/16　印张：11.5
字　　数：215 千字
书　　号：ISBN 978－7－5184－2786－4　定价：48.00 元
邮购电话：010－85119873
发行电话：010－85119832　010－85119912
网　　址：http://www.chlip.com.cn
Email：club@chlip.com.cn

240704J1C103ZBQ

前　言

精酿啤酒，又称工坊啤酒，英文名称“Craft Beer”。在我国，精酿啤酒是指由小型啤酒生产线生产，且在酿造过程中，不添加与调整啤酒风味无关的物质，风味特点突出的啤酒。美国精酿啤酒的定义是小型的、年产量在600万桶（约70.2万吨）以下、独立的、非微型酿造者或公司机构占股不超过25%的酿酒厂的啤酒。目前，“工坊啤酒”是“精酿啤酒”更官方的叫法，然而对很多从事小微型啤酒酿造者和消费者而言，这是一个新名词，他们更愿意用“精酿啤酒”。因此，本书仍采用“精酿啤酒”这一名词。

随着经济收入增加、生活水平的提高，消费者对啤酒品质的追求也在提高，更崇尚“原生、新鲜、健康”的消费理念。精酿啤酒采用德国传统酿造工艺，结合美式啤酒的创新精神，选择特种风味麦芽、多种风格的酒花和功能性酵母，根据独特的配方和酿造工艺，酿造特点明显，风味口感独特，具有“个性化”“精细化”“多样化”这些特点，因而精酿啤酒在国内市场迅速发展是必然结果。目前市场上已由以往单一的散装鲜啤(亦称散装生啤或扎啤)，逐渐转变流行各种精酿啤酒、原浆啤酒，生产方式也由较集中的工业化生产演变为较分散的微型啤酒生产以及“啤酒屋手工自酿、现场销售、随时享受”这种模式；同时，精酿啤酒不仅是消费者物质消费、佳酿品尝的过程，啤酒文化也是大众精神享受的需求，越来越多的国际性、全国性、地区性的“精酿啤酒大赛”“精酿啤酒展会”、各种论坛等相继举办，这都表明精酿啤酒已进入迅猛发展阶段。加快我国精酿啤酒技术研发、不断提高从业人员业务能力与水准、推动精酿啤酒行业健康发展，已成为我国啤酒行业科技工作者的重要义务和责任。在河南省酒业协会精酿啤酒专业委员会成立之际，笔者特别编写了这本教材，也算是为精酿啤酒在我国的发展尽微薄之力。

本书由从事生物工程专业本科教学的南阳理工学院教师和从事精酿啤酒设备生产和酿造实践的河南省南阳市京德啤酒技术开发有限公司的技术人员共同编写。本书编写过程中参考了多个版本的啤酒酿造指导书（包括权威工具书），同时也借鉴了高等院校的各类教科书，鉴于精酿啤酒在我国兴起时间不长，精酿啤酒相关参考书目有限，因而还参考了部分网络资源，这里一并对所参考文献资料的作者表示感谢。

本书以“打好基础、注重实践、突出精酿”为原则，不仅适合精酿啤酒从业人员使用，还可作为高校食品科学与工程、生物工程等专业学生的教材。编写的相关理论知识、技术特点和有关信息注重实用性和特色性，其特点如下：

（1）围绕酿造工艺流程，对于酿造最前端原料和最终产品这两部分，内容比例较大，这也是精酿啤酒酿造“精细化”“多样化”的特性所需。

（2）以能够满足读者酿造有所用为准则，对精酿啤酒生产的一般工艺要求、发酵原理等内容的广度和深度进行了缩减、简化；同时对发酵过程风味物质的主要成分及形成原因、控制方法等做了较为详细的分析介绍；以突出精酿啤酒成品的高品质要求。

（3）本书特别编写了啤酒品尝的基本理论、啤酒质量缺陷分析、啤酒风味和口感的设计调整等内容，以便于读者认识、了解精酿啤酒的品种、分类，为今后设计新款啤酒提供帮助。

（4）编写了精酿啤酒酿制过程所需的物料衡算公式，并有举例计算，以便于读者的实践操作。

本书的编写人员包括南阳理工学院教师和南阳市京德啤酒技术开发有限公司技术人员。南阳市京德啤酒技术有限公司是融合德国、加拿大、美国、澳大利亚等国家的先进技术而发展起来的专业化啤酒设备制造企业，公司与南阳理工学院校企合作，充分发挥各自优势，打造精酿啤酒协同创新联合体，开展了大量卓有成效的工作。双方合作研发了精酿啤酒的独立制冷发酵罐和糖化一体罐，成立了京德精酿啤酒学院，开展高素质精酿啤酒行业人才的教育培训工作，获批建设河南省工坊啤酒工程技术研究中心等。两家单位均被中国酒业协会遴选成为《工坊啤酒及其生产规范》团体标准工作组成员及起草单位。中国轻工业机械标准化技术委员会将两家单位选为《工坊啤酒机械　煮沸回旋锅》《工坊啤酒机械　糖化过滤锅》行业标准工作成员及起草单位。

本书由由南阳理工学院郭书贤、南阳市京德啤酒技术开发有限公司仝奋飞担任主编，南阳理工学院李慧星、南阳市京德啤酒技术开发有限公司吴雨、南阳市京德啤酒技术开发有限公司纪华担任副主编；郭书贤负责全书统稿，吴雨和李慧星负责审校。

本书编写得到中国食品发酵工业研究院和河南省酒业协会有关专家的指导和帮助，在此向他们表示衷心的感谢！

由于编写时间仓促，加之编者水平有限，书中不足之处恳请读者予以批评指正。

编　者

2019 年 10 月

目　录

第一章　啤酒简史及发展

第一节　啤酒的历史及文化 …… 2
第二节　精酿啤酒及分类 …… 9
第三节　主要特色啤酒 …… 14
第四节　精酿啤酒的发展趋势 …… 20

第二章　精酿啤酒酿造原料

第一节　麦芽 …… 26
第二节　酒花和酒花制品 …… 37
第三节　啤酒酵母 …… 41
第四节　酿造用水 …… 47

第三章　精酿啤酒糖化工艺及设备

第一节　麦芽的粉碎 …… 55
第二节　糖化的基本理论 …… 56
第三节　麦汁过滤 …… 68
第四节　麦汁煮沸与酒花添加 …… 71
第五节　麦汁的澄清和冷却 …… 76
第六节　几种典型的精酿啤酒糖化设备 …… 79

第四章　精酿啤酒发酵工艺及设备

第一节　啤酒发酵过程的主要物质变化 …… 84
第二节　精酿啤酒发酵工艺 …… 88
第三节　几种典型的精酿啤酒发酵设备 …… 96

第五章 精酿啤酒过滤和灌装

第一节 啤酒过滤 …… 100
第二节 啤酒灌装 …… 102
第三节 啤酒包装 …… 105

第六章 精酿啤酒品评的基本理论

第一节 感官品评生理基础知识 …… 112
第二节 品评技能及专业术语 …… 116
第三节 精酿啤酒风味缺陷分析 …… 120
第四节 精酿啤酒风味和口感的核心 …… 124

第七章 精酿啤酒设备操作规程

第一节 设备安装 …… 131
第二节 设备清洗 …… 135
第三节 糖化 …… 137
第四节 发酵及灌装 …… 139
第五节 设备常见故障及排除方法 …… 141

第八章 精酿啤酒实践操作

实践课一 精酿啤酒设备的清洗与消毒 …… 143
实践课二 酵母菌回收、活化与扩培 …… 148
实践课三 几种典型风格精酿啤酒的酿造 …… 150
实践课四 精酿啤酒品评 …… 155
实践课五 精酿啤酒新品种开发 …… 158

附录 中国酒业协会团体标准《工坊啤酒及其生产规范》 …… 160

参考文献 …… 178

第一章

啤酒简史及发展

第一节　啤酒的历史及文化

第二节　精酿啤酒及分类

第三节　主要特色啤酒

第四节　精酿啤酒的发展趋势

第一节 啤酒的历史及文化

一、啤酒起源

啤酒的起源与谷物的起源密切相关。人类使用谷物制造酒类饮料已有8000多年的历史。已知最古老的酒类文献，是公元前6000年左右，巴比伦人用黏土板雕刻的献祭用啤酒制作法。公元前5000年，苏美尔人碾碎发芽的大麦，浸提麦汁，用陶缸、陶罐盛之，然后野生酵母自然发酵成啤酒。公元前4000年，美索不达米亚地区已有用大麦、小麦、蜂蜜制作的16种啤酒。公元前3000年起开始使用苦味剂，并且古埃及人学会了啤酒酿造技术。公元前1800年，古巴比伦国王汉谟拉比颁布的法典中已有关于啤酒的详细记载。公元前1300年左右，埃及的啤酒作为国家管理下的优秀产业得到高度发展。拿破仑的远征军在埃及发现的罗塞塔石碑上的象形文字表明，在公元前196年左右当地已盛行啤酒盛宴。公元前48年，啤酒酿造技术从埃及传到了欧洲，落地生根，快速发展。公元1~2世纪，古罗马政治家普利尼曾提到过啤酒的生产方法，其中包括酒花的使用。中世纪以前，啤酒多由妇女在家庭酿制。到中世纪（公元476—1453年），啤酒的酿造已由家庭生产转向修道院、乡村的作坊生产，并成为修道院生活的一个重要内容。1516年威廉公爵四世和路德维希公爵五世签发了巴伐利亚州的《纯酿法》并具有法律效力，成为德国啤酒业的圣经。

二、啤酒简史

啤酒技术的发展大致可分为五个阶段（图1-1）。

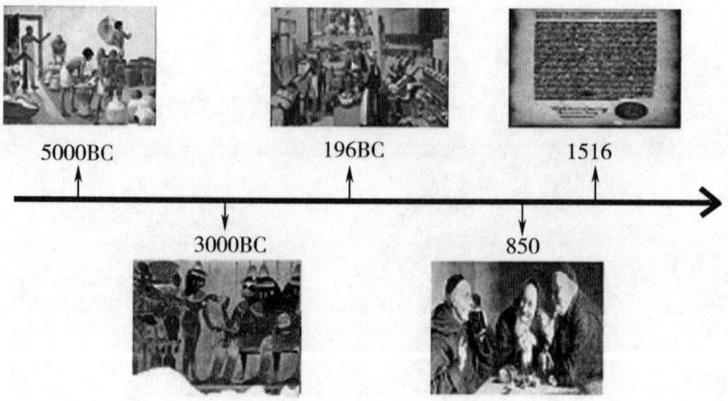

图1-1 啤酒的发展历史

18 世纪：科技酿造的萌芽阶段。

19 世纪："科学酿造"理念的开花结果阶段。

20 世纪前半段（1900—1950 年）：缓慢过渡期。

1950—1980 年：黄金时期。

1980 年至今：调整阶段。

1. 18 世纪科技酿造的萌芽阶段（图 1-2）

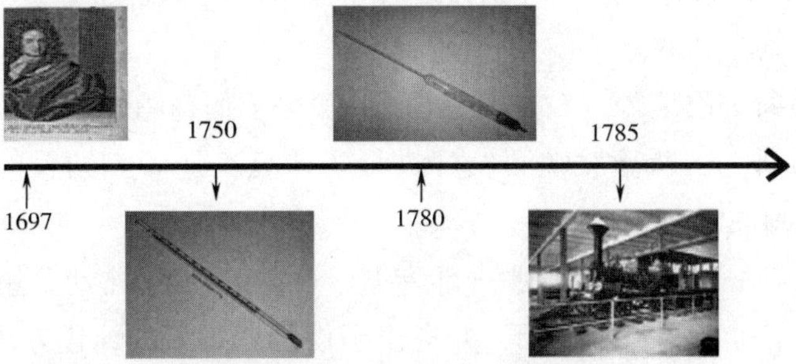

图 1-2　18 世纪科技酿造萌芽

2. 19 世纪"科学酿造"理念的开花结果阶段

1842 年淡色拉格（Lager）啤酒在捷克比尔森（Pilsen）诞生，此后，美国、欧洲出现了拉格啤酒，英国开始出现淡色爱尔（Ale）啤酒。

1843 年，Carl Balling 将其改进的糖度计引入欧洲啤酒厂，1845 年在布拉格出版了《发酵化学》一书。

（1）酿造课程（Brewing courses）逐渐兴起

1865 年，Carl Lintner 在 Weihenstephan 开设了啤酒酿造课程。1868 年，John Ewald Siebel 在美国芝加哥建立实验室，到 1872 年成为了酿造研究所。1883 年，Max Delbruck 在柏林成立了德国柏林酿造学院（VLB）。1903 年，Dr. Albert Doemens 创办了杜门斯啤酒学院，主要业务以培训为主。直到 1904 年，英国在伯明翰大学和赫瑞瓦特大学才开设酿造专业课程（图 1-3）。

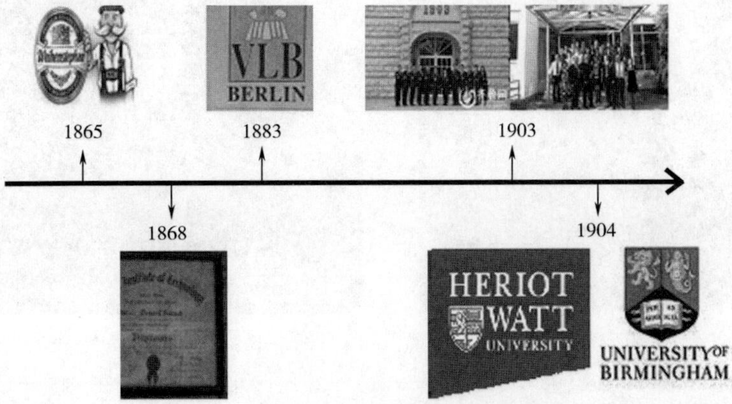

图 1-3　酿造课程逐渐兴起

（2）工业化技术得到应用

1870 年，氨制冷机在德国被发明及得到应用。

美国使用高比例的辅料、加速后熟及啤酒过滤技术。

1880 年，英国颁布了 Free Mash Tun Act of 1880（税法，糖税取代了麦芽税）。

1880 年，多头灌装机开始使用。

装备的革新、酿造技术的改进应用使得大规模的生产和销售成为可能，但是唯一面临的问题是质量控制问题，即生产和销售过程中变酸的问题。

（3）酿造微生物学的兴起

1860 年，路易斯·巴斯德（Louis Pasteur）解决了葡萄酒的酸败问题。

1870 年，路易斯·巴斯德对啤酒发酵进行了研究，他研究的目的是帮助法国的啤酒更好地与德国的啤酒竞争。

1876 年，路易斯·巴斯德发表了一部专著，在这本书中提到了用于啤酒酿造的酵母不纯，含有细菌、霉菌及野生酵母，并提出了使用酒石酸的纯化方法，但并没有获得成功。这本书中不推荐对啤酒进行热处理，但是为了更好地保存啤酒，德国成为世界上第一个生产巴氏灭菌啤酒的国家（图 1-4）。

埃米尔·克里斯蒂安·汉森（Emil Christian Hansen）博士对同一问题进行了研究，研究发现了几种类型的酵母，但是并不都能用于啤酒酿造，同时开发了利用单细胞菌落分离纯种酵母的技术。

1883 年埃米尔·克里斯蒂安·汉森在嘉士伯（Carlsberg）引入了纯种酵母培养的理念和技术（图 1-5），在此后的 10 年间，汉森的酵母扩培系统在 23 个国家 173 个啤酒厂得到安装。与此相反的是，此项技术在英国并没有得到很好的应用，到 1960 年才开始使用。

从此之后，汉森酵母（Hansens yeast）——*Saccharomyces carlsbergensis* 在全球传播开来。

图 1-4 路易斯·巴斯德（1822—1895）在 1885 年

图 1-5 埃米尔·克里斯蒂安·汉森（1842—1909）在 1897 年

（4）分析数据得到重视，企业建立自己的实验室（图 1-6）

英国	19世纪80年代啤酒厂建立了不同级别的化学和微生物分析，专家型的分析人员雇用不多，不管建不建实验室都依赖于资讯机构提供服务。
德国	很少有啤酒厂雇用专家型的分析人员，主要依赖于高校和研究机构。
美国	1884年丹麦Max Henius和美国Robert Wahl成立了咨询机构。19世纪70年代，安海希-布什(Anheuser-Busch)建立第一个啤酒企业的研究实验室。

图 1-6　各国企业建立自己的实验室

3. 20 世纪前半段（缓慢过渡期）在技术及革新方面更加感兴趣

1902 年，改进型麦芽粉碎磨开始使用。

1911 年，美国 Leo Wallerstein 申请了蛋白水解酶解决啤酒冷浑浊的专利，这时候的英国啤酒业相对保守。

1923 年，薄板冷却申请了专利并在啤酒行业得到广泛应用，消费者的影响在技术革新中的作用显现，研究主要集中在原材料，酿造过程涉及极少。

20 世纪 20 年代，培育性能改进的酒花与大麦品种。

20 世纪 30 年代，由于瓶装啤酒增加，更加关注啤酒的风味、货架寿命及外观质量，因此化学及微生物的分析得到扩展及改进。

4. 20 世纪 50~80 年代（啤酒科技发展黄金时期）

20 世纪 40 年代末，对酿造过程研究的投入达到空前的高度。

二战后，对科学的热情触动了很多国家的啤酒企业，在此后的 1950—1960 年建立了大量的专家型实验室及中试生产线。

1951 年，英国由啤酒厂出资建立了研究所，并定位为深化科学解决实际问题及工业战略发展的总部，在其鼎盛时期，其所雇科学家超过了 100 位，在最初的 25 年间发表了 700 多篇论文。

（1）科学研究方面（制麦、糖化及发酵机理）

随后对制麦和酿造从化学、生物及微生物学的角度进行详细的研究（图 1-7）。

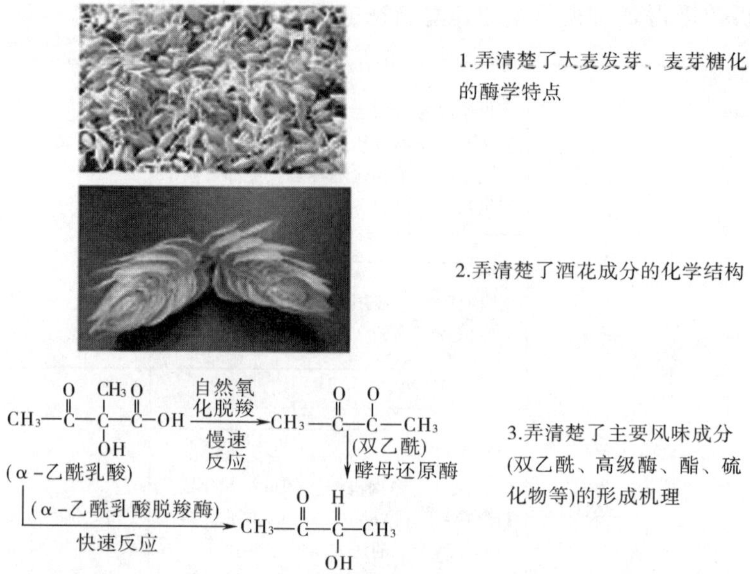

图 1-7 科学家们对酿造机理进行详细研究

（2）技术领域的革新（制麦方面）

1950 年之前，很多国家都是采用地板发芽，此后 30 年间被机械化代替；油和甲烷气用来焙焦麦芽，但发现会产生致癌物亚硝基胺，在 1980 年采用间接火焙焦。

20 世纪 60 年代联合使用赤霉素（GA）和生长抑制剂（溴酸钾）加速制麦，减少制麦损失。

20 世纪 80 年代溴酸盐停止使用了，通过改进温度控制来控制制麦损失，GA 的使用也减少。

（3）技术领域的革新（其他方面）

20 世纪 50 年代啤酒企业开始使用采用酶制剂制得的糖浆。

1963 年，完全采用大麦利用外加酶制剂技术生产啤酒获得成功，但是大麦酿酒并没有被广泛接受。

20 世纪 70 年代，高浓酿造开始流行，20 世纪 80 年代中期变成了标准操作。

20 世纪之前的发酵罐主要是木制、铜制或水泥容器，1960 年后圆柱锥底罐成为标准发酵容器。

20 世纪 60 年代，加拿大 Molson 啤酒厂开始采用回旋沉淀槽去除酒花树脂，到了 20 世纪 80 年代普遍使用。

（4）不太理想的其他科研

①钴酸盐改善泡沫：20 世纪 50 年代末期，钴酸盐被用来改善泡沫，但在北美导致了大约 100 人的死亡，因此在 1966 年退出了使用。

②连续发酵：这在 20 世纪 50 年代被认为是一项很好的技术，投入了大量的研究，

一直到现在还在研究，但研究得多、应用得少。

1990 年芬兰一啤酒厂工业化规模上采用了连续后酵技术生产啤酒。

③基因工程：20 世纪 80 年代认为基因工程菌会有很好的应用前景，但实际应用还受到一定的限制。

5. 1980 年至今（调整阶段）

（1）科学研究促进啤酒工业发展的信念在一些国家发生了动摇

20 世纪 80 年代的啤酒企业科研活动慢慢停下来，90 年代开始消失，很多实验室和中试厂关闭，经费预算减少。

北美和英国啤酒企业的研究论文减少。

Bri 失去了主要经费来源，雇员减少到原来的一半，把精力集中在检测服务和培训上，而不是研究上。

（2）研究侧重点发生变化

研究经费的投入，更贴近市场或包装的革新。

亚洲国家啤酒科研兴起。

20 世纪 80 年代以后，日本对酿造的研究不断增加。

三、中国啤酒发展史

人类文明的发展有相似之处，在 4000～5000 年前，中国也曾有古代啤酒的兴起。根据汉代的辞典《说文解字》解释：“蘖者芽米也”或“芽生米也”。同时期的辞典《释名》则解释为：“蘖缺也，浸麦，覆之使生芽。”所以在我国都认为蘖是出芽的谷物，这是一致看法。甲骨文中有醴字，《周礼正义》中的《释名·释饮食》一章中解释说：“醴齐，酿制一宿而成，体有酒味已也”。高秀注《吕氏春秋》重己篇释醴说：“醴者以蘖与黍相醴，不也麴也，浊而甜耳”。根据以上文献可以认为醴是利用蘖（麦芽）糖化黍米淀粉，经过短时间酿造，变成带有酒味而不分出渣滓的甜味蘖酒。醴可能是原始的啤酒，其酒味较用曲制造的发酵酒要薄，而甜味较浓。以后由于曲酒的出现，人们逐渐喜欢酒精含量较高的曲酒，醴就没有得到发展，而为曲酒所代替，以致这一工艺失传。正如明代宋应星所著《天工开物》所讲：“古来曲造酒，蘖造醴，后世厌醴味薄，遂至失传，则蘖法亦忘。”从这一记载看来，也可明确知道：古来是以蘖造醴、以曲造酒的。

中国近代的啤酒是从西方传入的，19 世纪末，啤酒输入中国。1900 年俄国人在哈尔滨市首先建立了乌卢布列夫斯基啤酒厂，这是在中国土地上出现最早的啤酒厂。1901 年俄国人和德国人联合建立了哈盖迈耶尔-柳切尔曼啤酒厂。1903 年捷克人在哈尔滨建立了东巴伐利亚啤酒厂，同年德国人和英国人合营在青岛建立了英德啤酒公司（青岛啤酒厂前身），1916 年改由日本麦酒株式会社经营，年生产啤酒量 3000t，当时的青岛啤酒已经是清亮透明、泡沫丰富、味道醇厚，不仅得益于天然的崂山泉水，而且也显示了德国历史悠久的啤酒酿造技术在中国的成功应用。

此后，不少外国人在东北、天津、上海和北京等地建厂。如梭忌怒啤酒厂建于1905年，东方啤酒厂建于1907年，古罗里亚啤酒厂建于1908年，上海斯堪的纳维亚啤酒厂（上海啤酒厂前身）建于1920年，哈尔滨啤酒厂建于1932年，上海怡和啤酒厂（华光啤酒厂前身）建于1934年，沈阳啤酒厂建于1935年，亚细亚啤酒厂建于1936年，北京啤酒厂建于1941年等。这些酒厂由俄、德、波、日等国商人经营。

中国人最早自建的啤酒厂是1904年在哈尔滨建立的东北三省啤酒厂，其后是1914年建立的五洲啤酒汽水厂（哈尔滨），1915年建立的北京双合盛啤酒厂，1920年建立的山东烟台醴泉啤酒厂（烟台啤酒厂前身），1935年建立的广州五羊啤酒厂（广州啤酒厂前身）。当时中国的啤酒业发展缓慢，分布不广，产量不大。生产技术掌握在外国人手中，生产原料麦芽和酒花都依靠进口。1949年以前，全国啤酒厂不到10家，年总产量不足万吨。1949年以后，中国啤酒工业发展较快，并逐步摆脱了原料依赖进口的落后状态。1979年产量达到5.1×10^8 L，1986年产量达到40×10^8L。中国的啤酒于1954年开始进入国际市场，当时年出口仅3.0×10^5L，到1980年已猛增到26×10^5 L。

早期中国各地啤酒厂见图1-8。

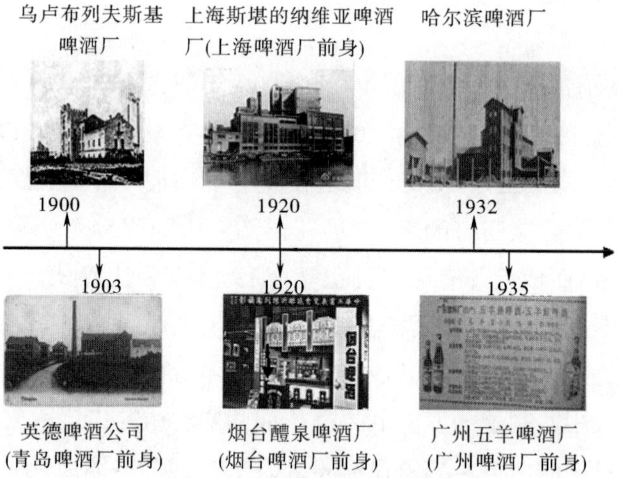

图1-8 早期中国各地啤酒厂

四、中国啤酒现状

改革开放40多年来，中国啤酒工业得到迅猛发展，1987—1994年国内啤酒年均增幅在20%以上，年产量增幅最高时达到30%以上，1995年以来我国啤酒产量增长速度放慢，但年均增幅仍达到 7%以上。2001 年啤酒产量为 2274 万吨，2002 年达到 2386 万吨，首次超过美国成为世界第一啤酒生产大国。近几年来，啤酒行业出现大规模的兼并、收购活动，形成了像青岛、燕京、华润、哈啤等超百万吨的大型集团，形成了一大批有实力的品牌，市场占有率较高。近年来由于对啤酒消费市场发展速度的过高估计，导致啤酒工业大规模扩张速度大大超过了消费市场增长速度，啤酒行业近 3000 万吨的产量有 800 万吨左右过剩，严重的供求矛盾导致了全国范围内程度不一的连年价格大战，企业利润急速下滑，行业总体经济效益不断走低，形势非常严峻（图 1-9）。

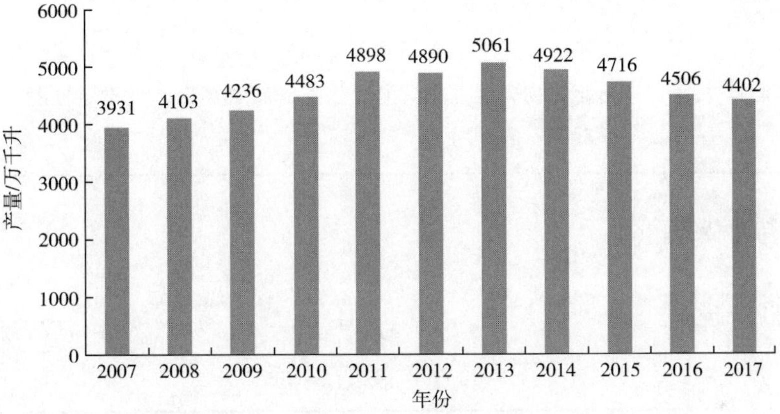

图 1-9　2007—2017 年中国啤酒产量

第二节　精酿啤酒及分类

一、啤酒分类

（一）根据原麦汁浓度分类

不同原麦汁浓度的啤酒分类见表 1-1。

表 1-1　　不同原麦汁浓度的啤酒分类

种类	原麦汁浓度/°P	酒精度/%（体积分数）
低浓度啤酒	2.5~8.0	0.8~2.5
中浓度啤酒	8.1~12.0	2.5~4.1
高浓度啤酒	12.1~22.0	4.1~5.5

（二）根据生产工艺方法分类

不同生产工艺的啤酒分类见表 1–2。

表 1–2 不同生产工艺的啤酒分类

种类	定义与特点
生啤酒（俗称“纯生”）	指不经巴氏杀菌或瞬间高温杀菌，采用膜过滤等物理方法除菌，达到一定生物稳定性的啤酒
熟啤酒	指经巴氏杀菌或瞬间高温杀菌的啤酒。稳定保质期长
鲜啤酒	指不经巴氏杀菌或高温灭菌，成品中允许含有一定量活酵母菌，达到一定生物稳定性的啤酒。该啤酒新鲜爽口，但稳定性差，保质期短，一般在一周以内

（三）其他特种啤酒

不同特种啤酒及其特点见表 1–3。

表 1–3 不同特种啤酒及其特点

种类	定义与特点
干啤酒	指发酵度高于 72%的啤酒，属于低热量啤酒
冰啤酒	指经冰晶化（超冷冻处理啤酒，以形成细小冰晶）工艺处理，再过滤掉冰晶
低醇啤酒	指酒精度为 0.6%~2.5%（体积分数）的啤酒
无醇啤酒	指酒精度≤0.5%（体积分数），原麦汁浓度≥3.0°P 的啤酒
小麦啤酒	指以小麦芽为主要原料（占总原料 40%以上），采用上面发酵法或下面发酵法酿制的啤酒
白啤酒	指以小麦芽为主要原料，含有一定量的活酵母菌
全麦芽啤酒	全部采用麦芽，不添加任何淀粉或糖类辅料生产的啤酒
头道麦汁啤酒	指利用过滤所得的头道麦汁直接进行发酵，而不掺入冲洗残糖的二道麦汁
黑啤酒	指麦芽原料中加入部分特种麦芽酿制而成的啤酒
果蔬类啤酒	指添加一定量的果蔬汁，既有果蔬特征性风味，又保持啤酒基本口味的果蔬汁型啤酒

（四）根据色度分类

不同色度的啤酒分类见表 1-4。

表 1-4　　不同色度的啤酒分类

种类	定义与特点
淡色啤酒	指色度在 2～14EBC 的啤酒，其特点为色度较低、口味淡爽、酒花香突出，中国啤酒产量最大的一种
浓色啤酒	指色度在 15～40EBC 的啤酒，色泽呈红棕色或红褐色。麦芽香味突出、口味醇厚、酒花苦味较轻
黑色啤酒	指色度≥40EBC 的啤酒，色泽呈深红褐色乃至黑褐色。麦芽香味突出、口味浓厚、泡沫细腻、苦味根据产品类型有差异，产量较少

二、精酿啤酒定义及分类

我们平时接触到的工业啤酒品牌，基本上被青岛、雪花、哈尔滨、百威、燕京、嘉士伯、科罗娜等品牌垄断（图 1-10）。而此类啤酒的最大特点为“淡”。

图 1-10　一些工业啤酒品牌

那什么是精酿啤酒？它和工业啤酒有什么区别？这可能是现在聊啤酒最常见的问题，也是现在啤酒文化中最本质的问题，但也是最难回答的问题。精酿啤酒（图 1-11，图 1-12），不只是在中国，在国外也有各种定义，各不相同。有人说，当你喝下一杯酒后，愿意再来一杯，去闻它，去品它，就叫精酿啤酒；有人说，不加大米、玉米等辅料，用传统方法酿造的，就叫精酿啤酒；有的人说，小型酒厂产的小批量啤酒就叫精酿啤酒；还有人说，只要好闻好喝口感好，管它哪里产的，就是精酿啤酒，不是吗？

角鲨头精酿　　鹅岛精酿　　酿酒狗精酿　　飞狗精酿

图 1-11　一些国外精酿品牌

京德精酿 高大师精酿 京A精酿 熊猫精酿 拳击猫精酿

图 1-12 一些国内精酿品牌

现代精酿啤酒的发源地——美国，有个酿酒师协会官方的关于精酿啤酒厂的严格定义，并已沿用了很多年，即小型、独立和传统的酿造商。

（1）小型意味着年酿造产量最多不多于 600 万桶。

（2）独立意味着酒厂不被或是低于 25%的股份被非精酿啤酒厂控制。

（3）传统指完全或几乎完全由麦芽酿制，没有使用辅料来酿酒，或者用辅料也是为了增加风味而不是减少风味。

总的来说，精酿啤酒就是采用德国传统酿造工艺，结合美式啤酒的创新精神，选择特种风味的麦芽、特异性的酒花和功能性的酵母，根据独特的原料配方和酿造工艺，酿造特点鲜明、风味口感独特、营养丰富的高品质啤酒。以品质和个性为核心，是一种文化，一种创新，一种美好的生活态度。

三、典型精酿啤酒品种

拉格（LAGER）：源自德国，采用低温下面发酵法，酒体清淡，泡沫丰富，是常见的工业啤酒酿造方法（图 1-13）。这里需要提出的是，真正的手工拉格酿造工艺比较复杂，对酿造环境要求高，我们常见的工业拉格可以理解成廉价仿品。

图 1-13 瓦伦丁和布鲁克林精酿拉格啤酒

爱尔（ALE）：爱尔啤酒（图 1-14），源自英国。采用高温上面发酵法，酒体颜色深且苦味突出，酒花香味复杂，层次多。

图 1-14　淡色爱尔

白啤（WITBIER）：属于小麦啤酒的一种，用小麦芽代替部分大麦芽发酵而来的啤酒，容易入口，带果味（图 1-15）。

图 1-15　燕京原浆白啤和比利时白啤

世涛（STOUT）：源自英国，采用烘焙麦芽经过上面发酵法酿造，酒体极深，带有焦糖乃至巧克力香味。也是中国人常说的黑啤，但是不是黑色的啤酒就是黑啤（图 1-16）。

图 1-16　世涛

印度淡色爱尔（IPA）：当年英国人运啤酒去印度，为了延长啤酒保存时间，就在酒内添加大量的酒花，使啤酒在桶内发酵好几个月。在这个过程中糖分被消耗掉的酒体保存了高度的酒精含量，导致 IPA 看起来清淡，其实酒花香气和苦度都非常高。IPA 是目前市面上非常流行的精酿啤酒种类（图 1-17）。

图 1-17 高大师婴儿肥 IPA 和 18 号酒馆跳东湖 IPA

第三节 主要特色啤酒

一、小麦白啤（Weissbier）

（一）历史起源

早在公元前的巴比伦时代，便有小麦酿制啤酒的记载，然后从捷克流传到德国南部，在德国风靡一时，家家户户都流行喝小麦啤酒。小麦作为人们制作面包等食物的主要原料，为了保证充足的食物供应，1516 年巴伐利亚《纯酿法》规定了其管辖的范围内，啤酒酿造只能使用大麦。而小麦只能用于面包制作。

但是《纯酿法》颁布仅 4 年后，首府慕尼黑的维特尔斯巴赫公爵准许其管辖的区域内可以酿造和销售白啤，只有皇室才有资格酿造小麦啤酒，因此也成为 Wittlesbach 王室的营利工具之一。直到 18 世纪末，人们逐渐丧失了对“白啤”的热情。

1856 年是白啤的转折期，王室将看似没有价值的酿造权卖给了老百姓乔治 · 斯耐德，开创了一个全新的白啤酒时代。

直到今天，白啤的回归不仅在德国，更是风靡全球，重新赢得了应有的尊重。

（二）工艺特点

Weissbier，这个词在德语里的意思是“白啤酒”，这类啤酒也常被称为“小麦啤酒”。两种叫法的区别在于地域不同，一个是在巴伐利亚老区酿造的小麦啤酒，另一个是在德国北部和西部使用。

1. Weissbier 的分类

（1）Hefe-Weizen　Hefe 德语中指酵母，Weizen 为小麦，Hefe-Weizen 意指不过滤酵母的小麦啤酒。

（2）Kristall-Weizen　Kristall 德语中是“水晶”的意思，顾名思义这种啤酒是透明的，实际上就是过滤酵母后的小麦啤酒。

（3）Dunkel-Weizen　Dunkel 德语里是“黑色”的意思，合起来就是黑色的小麦啤酒。因为这类啤酒在酿造过程中添加了一定量的琥珀色小麦麦芽和大麦麦芽，赋予了该啤酒与众不同的黑色。

根据德国法律规定，凡是归类到 Weissbier 的啤酒，其酿造原料中必须含有 50%以上的小麦芽，而巴伐利亚的小麦啤酒这个比例往往达到 60%~70%。

由于小麦的蛋白质含量高，现代白啤酒酿造通常采用较长的蛋白质休止工艺来分解蛋白质和降低麦汁黏度。在德国，通常采用 44~45℃休止温度以促进阿魏酸的生成，阿魏酸作为白啤酒酵母生成 4-乙烯基愈创木酚的前体物，4-乙烯基愈创木酚具有类似丁香花的香气——白啤酒的特征香气。

白啤酒的原麦汁浓度通常在 11.5~13.2°P，并且发酵完成时含有约 3.0°P 的残糖。

2. 典型的几款白啤酒

（1）德国教士小麦白啤酒　世界三大白啤酒之一，在国际上特别是欧美国家享有盛誉。金黄的诱人色泽、无与伦比的清醇口感、浓郁的麦香和淡雅的花香打造出这一德国慕尼黑白啤酒的著名品牌（图 1-18）。

图 1-18　德国教士小麦啤酒

（2）比利时福佳白啤酒　比利时白啤酒和德国小麦啤酒最大的差别在于多了柑橘

酸和香料味（图 1-19），如陈皮、丁香、芫荽（香菜）籽，酒花苦味更低，使比利时白啤酒对女士来说更添吸引力。酿造原料上，相对于德国在大麦麦芽外加入小麦麦芽，比利时则以未发芽的小麦取代小麦麦芽，另外也添加了陈皮、芫荽籽等多种香料，酿造难度更高，不少比利时酒厂更以不肯公开的“香料秘密”为傲。

图 1-19　福佳白啤酒

（3）法国凯旋 1664 白啤酒　凯旋啤酒厂的前身是成立于 1664 年的位于法国的一个名为豪特的酿酒厂，在 1850 年，它迁址后才改名为凯旋酿酒厂。现在是嘉士伯集团下属的啤酒厂，其 1664 白啤酒是法国最畅销的啤酒之一，该啤酒属于经典风格白啤酒，是典型的上面发酵小麦啤酒，在风味和口感上十分接近比利时风格白啤酒，而与德国白啤酒有着很大的区别。

1664 白啤酒只使用一种麦芽，并添加来自法国阿尔萨地区的香料，成品呈苍白的金黄色，泡沫细腻，散发出强烈的花香和果香（图 1-20）。

图 1-20　法国凯旋 1664 白啤酒

二、比尔森（Pilsener）

（一）历史起源

第一瓶比尔森啤酒最早是1842年生产的。1842年，年仅29岁的约瑟夫·格罗尔来到捷克西北部的小城比尔森，使用比尔森当地的浅色麦芽、捷克扎泰茨的萨兹（Saaz）香花和突破性的下面发酵工艺，酿造出了以比尔森地名命名的“比尔森清泉啤酒”。

比尔森啤酒是世界最富盛名的下面发酵淡色啤酒，因捷克波西米亚的比尔森啤酒厂而得名，现今比尔森啤酒厂也逐渐现代化，但仍保留部分老的系统，做真正典型的比尔森啤酒。在当今世界众多的啤酒家族中，“比尔森啤酒”仍然以独特的原料和传统的酿造工艺一枝独秀，誉满全球。

（二）工艺特点

全世界第一款比尔森啤酒在1842年推出，麦芽和酒花都是经过特殊选择的原料，麦芽使用捷克比尔森出产的优秀的浅色麦芽，酒花采用香型极佳的萨兹（Sazz）香型酒花，酒花添加量很高，酿造水使用当地软水，下面发酵酵母低温发酵工艺，酿造出拥有金黄色光泽与绵密泡沫的啤酒，带有优质啤酒花的香味和苦味，麦香味道强烈却没有半点杂味。

三、印度淡色爱尔（IPA）

（一）历史起源

IPA是India Pale Ale的简称（图1-21），可以翻译为“印度淡色爱尔”。起源于19世纪的英国伦敦，那时候大英帝国每年都有大批量船员前往遥远的殖民地印度，货运包括衣服、香水、瓷器、乳酪和火腿等，当然还有最重要的啤酒（图1-22）。漫长的海运旅途，啤酒难免变质，所以就有酿酒师在啤酒中添加了大量的酒花，还提高了酒精度，并利用海运条件进行橡木桶内后熟，成为唯一经受住长达半年海运时间和赤道炎热气候的考验而完美保存下来的一款酒，因此留名“印度淡色爱尔啤酒”。这也是当今最为流行的一种IPA起源说法。

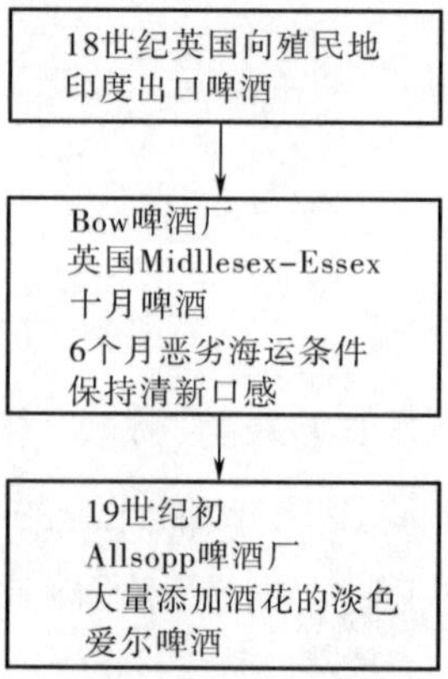

图 1-21 IPA 的由来

图 1-22 历史时期英国海运啤酒至印度

（二） 工艺特点

IPA 最大的特点就是其浓郁的酒花香味，加之深厚的色泽、麦香和醇厚性。丰富的酒花香气来源于酿造过程中干加酒花，由于干加酒花量大且没有经过高温，因此保证了啤酒后期浓而苦的生酒花味。

（三） IPA 的分类

IPA 的分类及特点见表 1-5。

表 1-5 IPA 的分类及特点

分类	英式 IPA	美式 IPA	双料 IPA
原麦汁浓度/°P	12. 5~15. 7	14. 7~18. 2	18. 2~23. 7
表观糖度/°P	3. 0~4. 5	3. 0~4. 5	3. 0~4. 5
酒精度/%（体积分数）	5~7	6. 3~7. 5	7. 5~10. 5
苦味值/IBU	35~63	50~70	65~100
色度/EBC	12~28	12~28	10~26
浑浊度	无~少量（低温下）	无~少量（低温下）	无~少量

续表

分类	英式 IPA	美式 IPA	双料 IPA
酒体强度	中度	中度	中高度～丰满
酒花苦味	中高度	中高度～强烈	强烈
酒花香味	中度～高度	中高度～强烈，饱满	强烈
麦芽香味	中度	中度	中度～高度
酯香强度	中度～非常强烈	中度～非常强烈	中度～高度
双乙酰味	无～极轻微	无～极轻微	无

1. 英式 IPA

英式 IPA 以英国淡色爱尔麦芽为主，添加少量英国结晶麦芽，采用高温糖化增加麦芽香气，也可使用一些慕尼黑麦芽提高香气的饱满性。酒花用量大，以英国酒花为主，包括福格斯（Fuggles）、金牌（Golding）等，使用非本土酒花时主要用于增加苦味。英式 IPA 可察觉到英国原产酒花的泥土和草药味特征，酒花香气以花香型为主，酯香呈水果型风味。采用矿物质含量高的水酿造能赋予啤酒新鲜干爽的口感，有时也会使啤酒产生微妙而协调的含硫化合物风味。

代表品牌包括 Meantime IPA、Fuller′s IPA、Brooklyn IPA 等。

2. 美式 IPA

美式 IPA 用极少量的深色麦芽，选择色度高的结晶麦芽来增加酒体红色色泽。结晶麦芽的比例不超过 10%，色度不超过 120EBC，使用慕尼黑麦芽增加麦芽的香气饱满度，采用中低温糖化休止温度 65～67℃，获得更多的残糖和甜味，啤酒最终浓度不高于 4°P。具有果香、花香和美国酒花特点的柑橘香。

美式 IPA 酿造使用单一品种或混合品种的酒花，包括卡斯卡特（Cascade）、世纪（Centennial）、西楚（Citra）、哥伦布（Columbus）、奇努克（Chinook）、西姆科（Simcoe）、亚麻黄（Amarillo）和努格特（Nugget）等。酒花香气以花香型为主，酯香呈水果型风味。

代表品牌包括 Stone IPA、Avery Dugana IPA 等。

3. 双料 IPA（帝国 IPA）

双料 IPA 使用结晶麦芽或糊精麦芽比例不高于 5%，以突出酒花特征，使用辅料，如葡萄糖、冰糖等可在不增加甜感的同时提高酒精度，适当使用一些英国淡色爱尔麦芽得到更多麦芽特征。酒体的麦芽味、甜味和酒精味非常明显。酿造中每个步骤都可以添加酒花，可使用任何类型酒花，煮沸过程添加酒花浸膏最大限度地提高苦味。虽然酒花特征很强烈，但酒花与酒精、酯香、麦芽香形成平衡而复杂的香气。酒花特征新鲜、清新，不能产生粗糙口感。大量使用酒花可能会形成酒花浑浊。这种类型就是为了展现酒花新鲜的特征，不应该存在氧化和老化的风味。

代表品牌包括 Russian River Pliny The Elder、Ston Ruination IPA 等。

四、世涛（Stout）

（一）历史起源

世涛最早源自于英国波特（Porter）啤酒，波特啤酒是1722年在伦敦酿造生产的啤酒。当时有人将淡色爱尔、棕色爱尔以及存放到产生酸味的陈年棕色爱尔混调，而创造出一款名为Suris Red的啤酒，相当受欢迎。因此，当时伦敦有一位名叫哈伍德（Harwood）的啤酒商就想，“每次都要混合三种啤酒，这么麻烦，何不干脆酿造这种口味的啤酒呢？”于是哈伍德将其取名为Entire，由于很受码头搬运工的欢迎，后来就顺理成章地称之为波特啤酒了。

世涛在18世纪的英国是“烈酒”的代名词，酒吧内最浓的波特就称为世涛波特，19世纪中后期才渐渐将波特拿掉只剩下世涛，成为比波特更浓郁的黑啤酒代名词。世涛漂洋过海来到爱尔兰之后，爱尔兰人进行了改良，将原料由原先的烘烤麦芽改为未发芽的烘烤大麦。

（二）工艺特点

采用烘烤较重的麦芽及7%~10%的结晶麦芽和少量的黑麦芽，麦芽的溶解度较高，采用浸出糖化法无蛋白质休止，酒花添加量极高，普通世涛的原麦汁浓度并不高，一般为12°P左右，上面发酵酵母发酵，发酵度较高。酒体为深不透光的浓黑色泽，泡沫细腻，蕴藏着咖啡、巧克力、焦糖等味道，酒体浑圆饱满。

第四节　精酿啤酒的发展趋势

随着生活水平的提高，人们对啤酒的需求从原来的量到现今的质的改变。所以，精酿啤酒被独立出来走进人们的生活，并逐渐发展壮大。

一、国外精酿啤酒发展趋势

就美国而言，美国手工精酿啤酒发展迅猛，不仅横扫本国市场，同时开始进军海外市场，美国小型啤酒厂每年增加的厂家数量达到几百家，这个数量是非常大的。美国精酿的年收入，2013年是143亿美元，2014年是196亿美元，2015年达到223亿美元。200多亿美元，这是一个非常惊人的数据。

总的来说，美国啤酒的总产量保持一个比较稳定的状态：微高、微升或微降，但是美国精酿啤酒 2013 年增长率是 17.2%，2014 年增长率是 17.6%，2015 年增长率稍微下降了一点，为 12.8%。美国整个啤酒市场量维持在一千亿美元左右，但是精酿啤酒的市场总量，从 2013 年的 143 亿美元，增加到 2014 年的 196 亿美元，最后增加到 2015 年的 223 亿美元，这个增长幅度是非常巨大的。之前外国专家曾分享过对美国精酿啤酒的预测，从 2014 年到 2022 年精酿啤酒的市场份额从 11%增加到 22%，这个数字非常惊人。美国有几千家啤酒厂，品牌也非常多，可以说是百花齐放（图 1-23）。

图 1-23　美国部分精酿啤酒品牌

二、大型啤酒集团进军精酿市场

1988 年 5 月 13 日，鹅岛的第一家 Brewpub 在芝加哥 Lincoln Pack 附近诞生（图 1-24），1995 年，它已经成为当地最受欢迎的品牌之一。通过和精酿协会合作，其产品远销美国 31 个州。2011 年英博集团收购了鹅岛酒厂 100%的股份（不包括 Brewpub），但是精酿爱好者并不买账。

图 1-24　鹅岛在芝加哥的精酿酒厂

三、国内精酿啤酒发展趋势

21 世纪初，中国受美国精酿和家酿的风潮影响，以及一些外籍酿酒师、精酿酒吧的影响，从 2008 年开始就可以看到北京一些知名精酿酒吧的成立，涌现出了一批国内比较有名的精酿啤酒的本土品牌（图 1-25），比如牛啤堂的东邪西毒，还有高大师的 IPA，莱宝鲜啤，熊猫精酿，香格里拉的精酿等。国内也先后出现一些比较知名的精酿酒吧：熊猫精酿、大跃啤酒、拳击猫、京 A、悠航、牛啤堂、箭厂、道酿、武汉的 18 号酒馆等，这只是国内部分精酿酒吧品牌，各个城市还有很多知名的精酿品牌。

图 1-25　国内知名精酿品牌

近几年，中国也成立了很多精酿、家酿、自酿民间协会，属于非营利性的组织（图 1-26）。这些组织为各地精酿爱好者提供了一个平台，方便学习啤酒的专业知识，了解啤酒的一些问题，也促进了专业人士的交流。几乎在任何一个较大的城市都能够找到这样的协会。虽然一个协会的运营非常花费时间和精力，但这时间花得很值。

图 1-26　国内各地方的精酿协会

2016 年 9 月 18 日，央视财经频道对中国精酿啤酒行业进行了一个“啤酒消费市场调查”的专题报道，针对当年工业啤酒市场缩水，进口啤酒市场增长，小众的中国精酿啤酒市场却异军突起，形成一股强有力的青春生力军。专题中分别采访了中国的熊猫精酿、高大师、大跃啤酒、京 A 等行业内领先的精酿啤酒品牌，也报道了青岛、燕京等大酒厂分别推出精酿啤酒品类；针对市场投资风向、未来市场前景、市场规范做了分析，并预言未来五年极具潜力的中国精酿啤酒市场，将从目前的 0. 1%增长到 3%甚至更高。

中国的一些啤酒集团现在也在思考如何面对精酿啤酒的问题，像燕京的原浆白啤、珠江雪堡白啤，雪花、青啤也在做精酿啤酒。这几大集团在精酿领域做出了一些战略性的调整。青啤旗下的崂山工厂是专门用来生产精酿啤酒的，2010 年底青岛精酿啤酒旗下的 16 家社区酒吧推出了包括 IPA 在内的精酿生啤产品，青岛的精酿啤酒其中一家体验店设在北京。珠江啤酒也投资了 2. 5 亿元，在 4 个地方建立了 4 条啤酒生产线，针对高端市场推出全新雪堡精酿系列。

四、中国精酿啤酒发展的挑战与机遇

首先最大的挑战是中国现在注重从工业化生产粗放型往集约型发展，而小型啤酒厂是能耗大户，对环保也有不利的影响，所以环保单位也会以控制污染为由而限制建立。

关于行业规范与标准，中国酒业协会领导在接受央视采访的时候指出，有了规范之后，整个行业的准入门槛提高，这样会淘汰一大批人。虽然从短期来看，规范的建立会提高整个行业的门槛，造成行业规模的缩减，但是从长远来看，规范的建立是对整个行业的保护。因为门槛高了，有一定的基础要求，危害食品安全的风险降低了。现在国家对食品安全要求很高，如果精酿行业出现一两例食品安全事件的话，对行业的打击是非常大的。

还有一个挑战就是精酿啤酒本身的质量问题，以及啤酒的外观管理。工业化的啤酒的所有质量指标都是有严格的内控标准的。而精酿啤酒，这次颜色淡一点，下一次就算是同一种类的酒，颜色可能就有点深了，这些都是有可能的。

另一个问题是容易上头。这主要是由高级醇以及乙醛含量高造成的。有一些啤酒的“传言”：“7 天就能下酒，就能喝了”。但是这种酒是有问题的，因为发酵速度快，产生的高级醇含量高，容易上头。高级醇在人体内需要代谢，如果代谢得比较慢，会对神经系统有一定的负面作用。

国内很多酿酒师，没有学习专业的啤酒酿造知识，都是非科班出身，师徒传授。所以说现在的很多酿酒师缺乏系统的培训，对专业知识掌握得还不足。还有很多自己做家酿、做精酿的，对啤酒的酿造知识基本上算是小白。以前大部分科班出身的人都去啤酒厂，很少自己出来创业。但是未来，科班出身的专业人士创业可能是一个发展方向。

一个酿酒师，一个优秀的酿酒师，要懂得关键的工艺控制，糖化为什么要在这个温度，关键参数要懂，要有丰富的理论知识。拥有了丰富的啤酒酿造知识之后，才能推测出酿造工艺存在哪些问题。做精酿一定要有头脑，得有创新的思维，不能只局限在一种思维之内。只有丰富你的产品，发挥最大的想象力，才能创新，才能玩得转。

最后就是国内精酿啤酒的机遇。目前国内已经涌现出一批优秀的原料生产商、设备生产商、啤酒生产商。做一款酒，要有好的原料，好的设备，还要有好的酿酒师（图 1-27）。

图 1-27　一些精酿设备及原料商

现在也有一批高水平的国内外酿酒师，比如拳击猫的酿酒师，他们把美国的思维和思想带到了中国，比如 18 号酒馆的酿酒师姜麒，还有牛啤堂的银海，高岩，始觉等。从业人员专业素质在不断提高，从业人员交流与学习的机会越来越多。之前提到各地成立的精酿、家酿、自酿协会，都属于精酿啤酒交流平台，也能够给从业者提供更多的交流机会，配套服务越来越完善。啤酒论坛、精酿啤酒节和培训机构也越来越多。

第二章

精酿啤酒酿造原料

第一节 麦芽

第二节 酒花和酒花制品

第三节 啤酒酵母

第四节 酿造用水

第一节　麦芽

大麦是啤酒生产的主要原料，生产中是先将大麦制成麦芽，再用来酿造啤酒。

一、麦芽基本知识

啤酒有史以来，都是以大麦作为主要原料。原因有三点：一是种植面广、品种多、产量高、价格低廉，不是主粮；二是大麦的发芽力极强，含有各种水解酶类和丰富的可浸出物，有利于麦汁的制备；三是大麦的皮壳是很好的过滤介质。

（一）大麦的形态和构造

大麦籽粒的一般构造见图2-1，与啤酒酿造有关的大麦籽粒结构主要有以下三部分。

（1）胚　大麦的生殖器官。

（2）胚乳　大麦的营养器官，其质量占大麦干物质的80%~85%。在制麦的过程中，胚乳被进一步利用是在酶系的作用下完成的，这一过程对啤酒的生产起着决定性作用。

（3）皮壳（内、外皮）　在麦汁制造时，作为麦汁的过滤层而被利用。

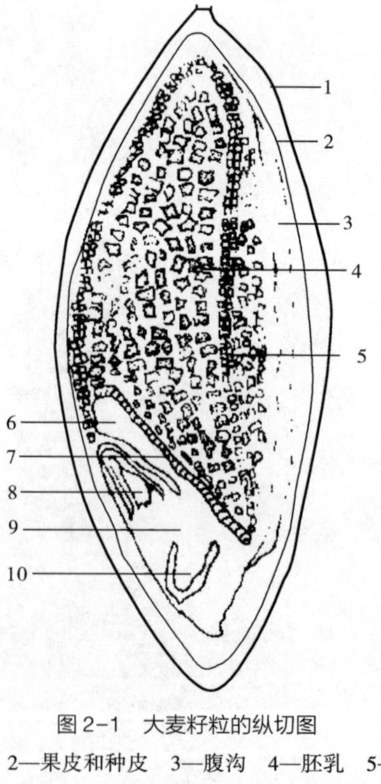

图2-1　大麦籽粒的纵切图

1—谷皮　2—果皮和种皮　3—腹沟　4—胚乳　5—糊粉层

6—盾状体　7—上皮层　8—原始胚芽　9—胚芽营养部分　10—胚根

（二）大麦类型

根据籽粒生长形态大麦分为3类（图2-2）。

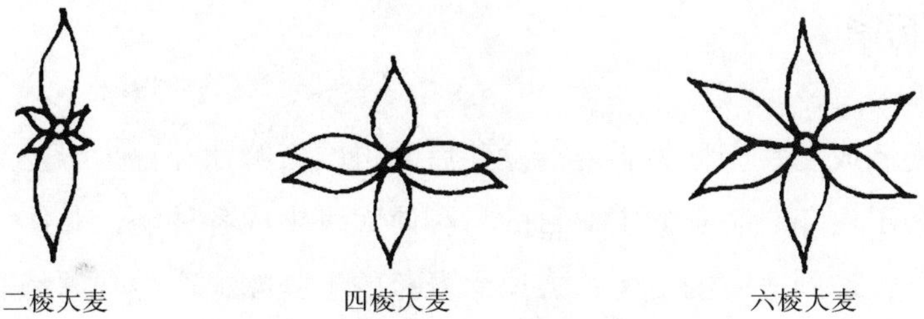

图2-2　3种大麦类型

（1）六棱　粒小，籽粒不够整齐，在浸渍和发芽时不均一，影响成品麦芽的质量。但是因为酶含量高，我国仍有采用六棱大麦生产啤酒的。

（2）四棱　粒小，蛋白质含量高，一般不宜酿制啤酒。

（3）二棱　籽粒均匀整齐，粒大、皮薄，淀粉含量高，蛋白质含量相对较低，是酿造啤酒的最好选择。

（三）大麦化学成分

1. 淀粉

大麦淀粉含量占干物质的58%~65%，大部分贮藏在胚乳细胞内。大麦淀粉含量越多，其可浸出物也越多，麦芽汁的得率就越高。

2. 蛋白质

大麦蛋白质的含量及类型直接影响大麦的发芽力、糖化、发酵及成品啤酒的风味、泡沫持久性、非生物稳定性等。因此，选择蛋白质含量适中的大麦品种一直是啤酒酿造中的重要研究课题。大麦的蛋白质含量一般在8%~14%。

3. 多酚类物质

多酚类物质占大麦干重的0.1%~0.3%，含量少，却对啤酒的色泽、泡沫、风味和非生物稳定性影响很大。例如，单宁在麦汁煮沸时和蛋白质结合形成不溶性沉淀，有利于提高啤酒的稳定性。多酚物质中的花色苷、儿茶酸易与蛋白质结合，是造成啤酒浑浊的主要原因。酚类物质在麦汁煮沸过程易和蛋白质结合而沉淀出来。

4. 半纤维素和麦胶物质

半纤维素和麦胶物质占麦粒干物质的10%~11%，是胚乳细胞壁的构成物，也存在于谷皮中。半纤维素和麦胶物质的主要成分是戊聚糖及少量的β-葡聚糖和糖醛酸。

发芽过程中，溶解良好的麦芽，β-葡聚糖已大部分分解；溶解不良的麦芽，β-葡聚糖分解不完全，由此制出的麦汁黏度高，不利于麦汁过滤，还会造成啤酒口味不爽的感觉。β-葡聚糖也是引起啤酒浑浊的成分之一。

二、麦芽的制备

把原料大麦制成麦芽，称为制麦。发芽后制得的新鲜麦芽称为绿麦芽，经干燥和焙焦后的麦芽称为干麦芽。制麦的主要目的是：使大麦生成各种酶，并使大麦胚乳中的成分在酶的作用下，达到适度的溶解；去掉绿麦芽的生腥味，产生啤酒特有的色、香和风味成分。麦芽制备的工艺流程如下：

大麦→筛分→浸麦→发芽→干燥→除根→成品

（一）大麦浸渍

1. 浸麦的目的

（1）提高大麦的含水量，达到发芽的水分要求，麦粒含水25%~35%时就可萌发。对酿造用麦芽，还要求胚乳充分溶解，所以含水率必须保持在43%~48%。浸麦后的大麦含水率称为浸麦度。

（2）通过洗涤，除去麦粒表面的灰尘、杂质和微生物。

（3）在浸麦水中适当添加石灰乳等化学药剂，可以加速麦皮中有害物质（如酚类等）的浸出。

2. 影响大麦浸渍的因素

（1）温度　浸麦水温越高，大麦吸水速度越快，水温过低，浸麦时间延长。浸麦用水温度一般在10~20℃，最好在13~18℃。

（2）麦粒大小　麦粒大小不一，吸水速度也不一样。为了保证发芽整齐，麦粒整齐程度很重要。

（3）麦粒性质　粉质粒大麦比玻璃质粒大麦吸水快；含氮量低、皮薄的大麦吸水快。

（4）通风　通风供氧可增强麦粒的呼吸和代谢作用，从而加快吸水速度，促进麦粒提前萌发。

（二）发芽

1. 大麦发芽的目的

发芽的目的是使麦粒生成大量的各种酶类，并使麦粒中一部分非活化酶得到活化增长。随着酶系统的形成，胚乳中的淀粉、蛋白质、半纤维素等高分子物质逐步分解，可溶性的低分子糖类和含氮物质不断增加，整个胚乳结构由坚韧变为疏松，这种现象称为麦芽溶解。

2. 发芽过程中主要物质的变化

（1）淀粉的变化　发芽期间，部分淀粉受淀粉酶类的作用，逐步分解成低分子糊精和糖类，其分解产物一部分供根芽、叶芽生长需要，一部分供麦粒呼吸消耗，剩余的糖和糊精仍存在于胚乳中。未被分解为糖和糊精的淀粉，也受酶的作用，其支链淀粉的一部分被分解为直链淀粉，直链淀粉的含量有所增加。

（2）蛋白质的变化　在制麦过程中，蛋白质分解引起的物质变化是最复杂而重要的变化，它直接影响麦芽质量，关系到啤酒的风味、泡沫和稳定性。

蛋白质分解程度，常用库尔巴哈（Kol-bach）值表示，即麦芽中可溶性氮与麦芽总氮之比。一般认为蛋白质分解程度在35%~45%为合格，最好在40%左右。即每100g干麦芽α-氨基氮在120~160mg为好。

（3）半纤维素和麦胶物质的变化　发芽中，半纤维素和麦胶物质的变化，从组成成分来说，就是β-葡聚糖和戊聚糖的变化。由于半纤维素和麦胶物质是构成细胞壁的成分，所以说半纤维素和麦胶物质的分解通常称为胚乳细胞壁的溶解。

β-葡聚糖是高黏度物质，在发芽过程中，β-葡聚糖受酶的作用被分解为较小分子的β-葡聚糖糊精、昆布二糖、纤维二糖和葡萄糖等。戊聚糖在发芽过程中既被分解，又重新合成，总量几乎不变。它们的分解对于浸出物黏度的降低是十分重要的。

（4）酸度的变化　大麦发芽后，酸度明显增加。生酸的主要原因是生成了磷酸、酸性磷酸盐、其他有机酸及少量的无机酸等。麦芽的溶解度高，其酸度相应也高。麦芽的酸度不正常，说明发芽条件不正常，如通风不足、浸麦过度、发芽温度过高等。

（5）酶的形成　发芽中，利用释放出的赤霉酸，催化合成并释放大量的酶类。这些水解酶主要有α-淀粉酶、β-淀粉酶、界限糊精酶、蛋白分解酶、半纤维素酶和磷酸酯酶等。

（三）麦芽干燥

发芽操作结束得到的麦芽称为绿麦芽。绿麦芽用热空气强制通风干燥和焙焦的过程称为干燥。

绿麦芽干燥的目的是：①除去绿麦芽多余的水分，防止腐败变质，便于贮藏；②终止绿麦芽的生长和酶的分解作用；③除去绿麦芽的生腥味，使麦芽产生特有的色、香、味；④便于干燥后除去麦根。麦根有不良苦味，如带入啤酒，将破坏啤酒风味。

水分的去除经过两个过程：①凋萎过程：此阶段要求大风量排潮，风温低，麦芽水分降至10%~12%。②焙焦过程：此阶段干燥风量小，温度高，水分下降缓慢。麦芽水分降至5%以下。

（四）麦芽的处理和贮藏

麦芽的处理包括干燥麦芽的除根、冷却以及磨光等。

大麦根芽有较强的吸湿性，贮藏时容易引起吸水而腐烂，根芽有不良的苦味并且根芽会改变啤酒色泽，因此，刚刚干燥后的麦芽不能直接利用，需要除根贮藏，麦芽用磨光机打磨，可以除去麦芽表面的水、锈、灰尘，保证麦芽外表美观，口味纯正，收得率高。

麦芽在制备好之后还要经过贮藏，主要原因有：在干燥操作不当时产生的玻璃质麦芽，在贮藏期间会向好的方面转化；经过贮藏，麦芽的蛋白酶活性与淀粉酶活性得以恢复和提高，有利于提高糖化力；贮藏过程中，麦芽吸收湿润空气的影响，麦皮恢复一定的韧性，有利于保护麦皮的完整性，对麦汁过滤有帮助；贮存可增加麦芽的酸度，有利于糖化。

三、麦芽质量评价

（一）麦芽的质量评价和标准

1. 感官检验

（1）色泽　浅色麦芽应为淡黄有光泽。发霉的麦芽呈绿色、黑色或红斑色。

（2）香味　浅色麦芽有麦芽香味，深色麦芽不仅有麦芽香味还应有焦香味，不能出现异味。

（3）粒状　麦粒完整、均匀；麦根除尽、破粒少；无霉、无虫；不含杂质。

（4）夹杂物　麦芽应除根干净，不含杂草、谷粒、尘埃、枯草、半粒、霉粒和损伤粒等杂物。

2. 物理特性

（1）千粒重　麦芽溶解越完全，千粒重越低。千粒重衡量其溶解程度，一般不高于30~40g/千粒。

（2）相对密度　麦芽的相对密度由麦芽的松软程度决定，相对密度越小，说明麦芽干燥和溶解状况越好，反之，溶解不好。

相对密度<1.10 时为优；相对密度 1.10～1.13 时为良；相对密度 1.13～1.18 时为满意；相对密度>1.18 为不佳。

相对密度可用沉浮试验反映，沉降粒<10%为优；10%～25%为良好；25%～50%为基本满意；>50%为不良。

3. 化学特性

以上任何一种外观、理化指标均不能对麦芽质量做出全面的评价，故应以外观指标和若干理化指标对麦芽进行全面评价，对麦芽的化学特性及其评价见表 2-1。

表 2-1　　麦芽的化学特性

项目		特性与评价
1. 一般检验	（1）水分	出炉麦芽：浅色麦芽 3.5%～5.0%，深色麦芽 2.0%～3.0%。贮藏期中增长：0.5%～1.0%，使用时水分不超过 6%
	（2）浸出率	优良的麦芽，无水浸出率应在 78%～82%，与大麦品种、气候与生长条件以及制麦方法有关
	（3）糖化时间	优良的麦芽糖化时间为：浅色麦芽 10～15min，深色麦芽 20～30 min
	（4）麦汁过滤速度与透明度	溶解良好的麦芽，麦汁的过滤速度快，麦汁清；溶解不良的麦芽，麦汁过滤速度慢，麦汁不清。麦汁的过滤速度和透明度还受大麦品种、生长条件、发芽方法、干燥温度和麦芽贮藏期等的影响
	（5）色度	正常的麦芽，协定法糖化麦汁的色度应为：浅色麦芽 2.5～4.5EBC 单位，中度深色麦芽 5～8EBC 单位，深色麦芽 9～13EBC 单位
	（6）香味和口味	协定法糖化麦汁的香味与口味应纯正，无酸涩味、焦味、霉味、铁腥味等不良杂味
2. 细胞溶解度检验	（1）粗细粉（无水浸出率差）（EBC）	利用粗粉和细粉的糖化浸出率差（采用协定糖化法）来评价麦芽细胞的溶解情况；<1.5 为优，1.6～2.2 良好，2.3～2.7 满意，2.8～3.2 不佳，>3.2 很差
	（2）协定法麦汁黏度	麦汁黏度可以说明麦芽胚乳细胞壁半纤维素和麦胶物质的降解情况，从而对麦芽溶解度做出评价。协定法麦汁的黏度均以质量分数调整至 8.6%时的计算黏度为准。其指标规定如下：<1.53mPa·s 优，1.53～1.61mPa·s 良好，1.62～1.67mPa·s 一般，>1.67mPa·s 不佳

续表

项　目		特性与评价
3. 蛋白溶解度检验	（1）蛋白溶解度（又称库尔巴哈值）	用协定法麦汁的可溶性氮与总氮之比的百分率表示蛋白溶解度。此值越高，说明蛋白分解越完全，一般来说，此值控制在40%～45%比较合理
	（2）隆丁区分	隆丁区分是将麦汁中的可溶性氮根据其相对分子质量区分为三组：A组，高分子含氮物质占25%左右，其相对分子质量为60000以上； B组，中分子含氮物质占15%左右，其相对分子质量为12000～60000； C组，低分子含氮物质占60%左右，其相对分子质量为12000以下。通过此三值的比例，可估计蛋白质分解情况
	（3）甲醛氮与α-氨基氮	通过测定麦汁中此类低分子含氮物质的含量，衡量蛋白质分解情况。以协定法麦汁为例，每100g麦芽干物质规定指标如下： 甲醛氮（甲醛滴定法）　α-氨基氮（EBC茚三酮法）　评价 >220mg　>150mg　优 200～220mg　135～150mg　良好 180～200mg　120～135mg　满意 <180mg　<120mg　不佳
4. 淀粉分解检验	（1）最终发酵度	以麦汁的最终发酵度来表示麦芽糖化后，可发酵浸出物与非可发酵浸出物的关系。最终发酵度与大麦品种、生长条件和时间、制麦方法都有关系。一般是麦芽溶解得越好，其最终发酵度越高。正常的麦芽，其协定法麦汁的表观最终发酵度达80%以上
	（2）α-淀粉酶与糖化力的测定	通过对麦芽淀粉酶活性的测定，也可以估计麦芽的淀粉分解能力。在啤酒生产中最具有实用价值的是测α-淀粉酶活力和麦芽糖化力。一般在正常情况下，浅色麦芽的α-淀粉酶活力为40～70ASBC单位，糖化力为200～250WK；深色麦芽的糖化力为100WK
5. 其他	（1）哈同值（又名四次糖化法）	麦芽在20℃、45℃、65℃和80℃下，分别糖化1h，求得4种麦汁的浸出率与协定法麦汁浸出率之比的百分率的平均值，以此值减58，所得差数即为哈同值。它可反映麦芽的酶活力和溶解情况。麦芽哈同值的具体指标为：6.5～10表示高酶活性；5.5～6.5为溶解良好；5左右为溶解满意；3.5～4.5为溶解一般；0～3.5为溶解不足
	（2）pH	溶解良好和干燥温度高的麦芽，其协定法麦汁的pH较低；溶解不足和干燥温度低的麦芽，其pH则高。凡pH低者，其麦芽浸出率高 浅色麦芽协定法麦汁的pH一般为5.9；深色麦芽因为形成更多的黑色素，其协定法麦汁的pH有所降低，一般为5.65～5.75

注：表中糖化力单位WK表示100g绝干麦芽在20℃和pH4.3条件下，分解可溶性淀粉，每30min产生1g麦芽糖为1WK。

（二）麦芽主要质量指标对啤酒质量的影响

1. 水分

出炉水分反映麦芽的脱水和焙焦程度，浅色麦芽出炉水分控制（3.5%~5.0%，深色麦芽水分控制在2.0%~3.0%。麦芽在贮存后熟期间，需要水分有所上升（约0.5%~1.0%），以使在后熟期麦皮失去原来的脆性，粉碎时破而不碎，有利于麦汁过滤。

2. 糖化时间与α-淀粉酶

糖化时间长，说明麦芽中的淀粉酶活性不高。制成的麦汁可发酵性糖含量低，使发酵度降低。糖化时间是根据糖化醪与碘液反应来测定的。一般淡色麦芽10~15min。

α-淀粉酶活力与下列因素有关：①浸麦度；②发芽条件（通风、温度、时间）；③外加赤霉酸。

3. 麦汁浊度

协定麦汁浊度可以在一定程度上预测糖化麦汁可以达到的清晰度，一般溶解不良的麦芽，麦汁不清，溶解良好的麦芽，麦汁清晰。

麦汁浊度受大麦品种、生长条件、发芽方法、干燥温度和麦芽贮藏的影响，不能单纯以此作为衡量麦芽的质量的标准。

4. 色度

煮沸色度与啤酒色度相关性相对较好。色度深，制成的麦汁色度也深，淡色麦芽要求在2.5~4.5EBC单位（成品啤酒色度在5.0~6.0EBC）。协定麦汁的色度并不代表啤酒的色度，但可用来说明麦芽属于哪一种类型。

色度与煮沸色度通常成正相关关系，但也不尽然，焙焦温度不足，麦芽色度低，但麦芽中多酚氧化酶、过氧化酶残留过多，煮沸色度深。

5. 浸出率与粗细粉差

粗细粉差反映麦芽细胞的溶解情况，一般认为溶解良好的麦芽的粗细粉差<2.0%，粗细粉差与大麦发芽率、浸麦度、发芽时间有关。浸出率与粗细粉差是经济指标，浸出率低，相当于单位麦芽量制成的啤酒量少，使生产成本提高。优良麦芽浸出率在78%~82%，浸出率与麦芽品种、产地、气候条件及制麦方法有关。

6. 蛋白质溶解度与库尔巴哈值

制麦过程中分解的蛋白质与合成的蛋白质基本相当，因此麦芽蛋白质含量与大麦蛋白质含量相近。通常澳麦和欧麦的蛋白质含量低于加麦。但加麦蛋白酶活力通常更高。

库尔巴哈值是反映麦芽蛋白质溶解的重要指标，库尔巴哈值越高，说明蛋白质溶解越完全，但蛋白质溶解过度也会影响到啤酒的泡持性与口感。一般来说，库尔巴哈值控制在40%~45%比较合理。

库尔巴哈值只是一个比值，它必须与蛋白质的总氮结合起来考虑才有参考意义。

制造浅色贮藏啤酒麦芽时，库尔巴哈值的合理范围说法不一，对于大麦蛋白质含量低于11.5%的浅色贮藏麦芽来说，一般评述如下：

>46，过度溶解，不宜单独投料；

42~45，溶解较过头，泡持性略差；

39~41，溶解良好，适宜做贮藏啤酒；

36~38，及格，泡持性好，但不做长保质期的啤酒；

<36，溶解不足，不宜单独投料。

库尔巴哈值合理范围应和总可溶性氮、α-氨基氮等综合评述。

7. α-氨基氮

它是衡量麦芽蛋白质分解情况的一个重要指标。α-氨基氮低，酵母营养不足，不能正常繁殖，造成发酵异常，使啤酒啤酒口味发生较大变化，如酵母味、双乙酰不能还原等。无水麦芽一般要求 α-氨基氮>150mg/100g。

麦汁中的氨基氮主要来自麦芽，只有一小部分来自糖化过程中麦芽蛋白质的继续分解。同品种麦芽，氨基氮一般与库尔巴哈值成正比。同样的库尔巴哈值水平，加麦的氨基氮通常比澳麦的氨基氮高。蛋白质高的大麦比较容易有高的氨基氮水平。

8. 最终发酵度

最终发酵度指麦芽糖化后，可发酵性浸出物占总浸出物的比例；最终发酵度与大麦品种、生长条件和时间、制麦工艺以及使用的酵母都有关系。一般来说，麦芽溶解越好，其最终发酵越高，其表观最终发酵度应在80%以上。

9. 糖化力

糖化力是指在 α-淀粉酶和 β-淀粉酶的综合作用下，麦芽形成还原糖的能力。

影响麦芽糖化力的因素：①大麦品种，原大麦中 β-淀粉酶活性在 60~200WK；②大麦蛋白质含量，蛋白质含量高的大麦糖化力高；③制麦工艺，主要与大麦浸麦度、麦芽溶解程度、干燥工艺有关。

α-淀粉酶活力与糖化力没有明显的对应关系。

一般情况下，加麦的糖化力高于澳麦；六棱麦芽的糖化力高于二棱麦芽。

10. β-葡聚糖

β-葡聚糖是胚乳细胞壁的重要组成物质，高温发芽有利于 β-葡聚糖的降解。β-葡聚糖含量与麦芽的溶解和品种有很大关系，麦芽溶解最先分解的就是 β-葡聚糖。

β-葡聚糖的水溶液的黏度极高，随着其分子质量的不断降解而黏度逐步下降。

β-葡聚糖对于啤酒有重要意义，含量过高会影响麦汁过滤速度，并导致麦汁浑浊；但适量的 β-葡聚糖是构成啤酒酒体和影响泡沫性能的重要物质。

11. 黏度与过滤时间

黏度反映麦芽胚乳细胞壁半纤维素和麦胶物质的降解情况，表示麦芽的溶解程度。对同品种麦芽而言，黏度大，反映麦芽溶解不好，特别是蛋白质和 β-葡聚糖分解不好，β-葡聚糖含量高，过滤时间长。

提高浸麦度、提高发芽温度，延长发芽时间可降低 β-葡聚糖含量，降低麦汁黏度。

12. pH 与总酸

浅色麦芽协定麦汁的 pH 通常为 5.90 左右。

溶解度高的麦芽，其酸度也相应较高，pH 相应较低，反之，溶解度低的麦芽，其酸度相应较低，pH 较高。如果麦芽的酸度不正常，说明发芽条件不正常，如通风不足，浸麦过度、发芽温度高、溶解过度等。

13. 二甲基硫（DMS）

DMS 来自两种前体物质 SMM 与 DMSO（统称 DMSP），是一种挥发性的硫醚化合物，沸点 38℃，其嗅味阈值极低（30μg/L），超过此值会给啤酒带来不愉快的蒸玉米味。两种前体物质均来自麦芽。它们在发芽期间形成，干燥时受热分解形成 DMS。

麦芽干燥和麦汁煮沸时形成的 DMS 大部分挥发排走，但也有部分 DMS 在麦汁煮沸时继续受热形成 DMSO（二甲基亚砜），在发酵时又被酵母吸收还原为 DMS。

DMSP 可以通过加热除去，因此对麦芽进行合理的高温焙焦可以降低其含量。溶解度越低的麦芽，DMSP 含量越低。一般建议 DMSP 不要超过 4.0mg/L，考虑到分析误差，则最大不要超过 5.0mg/L。

14. 亚硝基胺（NDMA）

NDMA 是强烈的致癌物质，它是麦芽在干燥过程中使用直接燃烧方法时，由于不完全燃烧产生的亚硝基产物。使用间接加热方式，比如蒸气加热空气的方式，可以很容易地将 NDMA 含量控制在允许的范围内（≤2.5μg/L）。

NDMA 一般不必做日常分析，从安全需要考虑，可对新麦芽供应商进行考察。对老供应商也可通过年检的方式进行考察。

四、精酿啤酒中常用麦芽

麦芽颜色采用典型的罗维朋（Lovibond）颜色值，单位为°L（图 2-3 为不同颜色的麦芽）。

图 2-3 不同颜色的麦芽

（一）基础麦芽（Base Malts）

这类麦芽使用需要糖化。

1. 拉格麦芽（Lager Malt）2°L

几乎所有类型的啤酒中都要用到这种麦芽，容易购置得到，拥有优雅柔和的风味和优良的糖化能力，和世界上大多数基础麦芽一样，可以和特种麦芽一起使用，来增加啤酒的风味。

2. 浅色爱尔麦芽（Pale Ale Malt）3°L

这种类型的麦芽和拉格麦芽相比，干燥的温度更高，生成轻微的烤麦芽味道，非常适合酿造浅色爱尔啤酒。

3. 小麦麦芽（Wheat Malt）3°L

小麦用来酿造啤酒的历史差不多和大麦一样久远，而且小麦有着与大麦相同的糖化力。根据啤酒风格类型的不同，用来糖化的麦芽可以使用5%～70%的发芽小麦。小麦没有外壳，单宁物质比大麦更少，颗粒通常比大麦小，但蛋白质更多，有助于啤酒的泡沫持久性；由于蛋白质含量高，比大麦要黏稠许多，如果在糖化期间没有进行蛋白质休止的话，可能会产生过滤难的问题。

（二）烘干类麦芽（Kilned Malts）

烘干类麦芽通常是在基础麦芽的生产中再直接升高烘烤温度而得到。这类麦芽酶系已被破坏，使用时需要进行糖化。

1. 饼干麦芽（Biscuit Malt）25°L

这种充分干燥、轻度烘烤的麦芽，赋予啤酒饼干和面包的味道。使用通常占整个谷物配方表的10%。它可使啤酒呈现出深琥珀色。

2. 维多利亚麦芽（Victory Malt）25°L

这种烘烤麦芽在口味上与饼干麦芽相似，但是它使啤酒含有更多的坚果味道（nutty）。维多利亚麦芽可为啤酒带来橘色，从而突出啤酒的颜色。

3. 慕尼黑麦芽（Munich Malt）10°L

这种麦芽是琥珀色的，并给啤酒带来麦香的风味，有足够的糖化力，但使用时通常与基础麦芽一起糖化，这种麦芽通常使用在Oktoberfest类型的啤酒及许多其他类型的啤酒中，包括浅色爱尔啤酒。

4. 维也纳麦芽（Vienna Malt）4°L

这种麦芽与慕尼黑麦芽相比色泽更浅，味道更甜，是博克啤酒的重要组成成分。它可以保留足够的酶来转化自身物质，但通常与基础麦芽一起糖化使用。

5. 糊精麦芽（Dextrin Malt）3°L

这种麦芽的使用应当保守，少量使用就会加深啤酒的颜色，具有强化口感的作用，使饮用者感受到啤酒的厚实。通常25L啤酒的使用量是200g左右。糊精麦芽没有糖化力，必须要糖化。如果进行浸泡，会导致过多不可转化的淀粉，同时会导致麦汁浑浊。

6. 焦糖麦芽（Caramel Malts）20°L

焦糖麦芽（就是结晶麦芽，也称为焦香麦芽）是在制麦以后进一步特殊加热蒸煮制成，这个过程糖类物质发生了结晶，形成焦糖化的长链分子，在糖化中并不能被酶转化成单糖，从而使啤酒带有较浓的麦芽味道和焦糖的甜味，啤酒口感更为厚实。这些麦芽几乎在所有的爱尔啤酒和高浓度的拉格啤酒中都有应用。使用时应该粉碎糖化，通常占麦芽配方总量的5%~25%。

（三）烘烤类麦芽（Roasted Malts）

重度烘烤的麦芽可以使波特（Porter）和世涛（Stout）带有一种咖啡或者是焦烤的味道，使用时应适量，一些酿酒者建议在糖化过程快结束的时候加入这种麦芽，以减轻这种麦芽带来的涩口的味道，使用软水或者用碳酸氢盐含量低的水可以酿出较为圆顺的口感。一般这类麦芽使用量低，并且粉碎较细的情形下用较少的量就可以得到较佳的色泽。

1. 巧克力麦芽（Chocolate Malt）400°L

该麦芽的使用可以为啤酒上色或者为一些大量使用焦糖麦芽的其他类型风格的啤酒来限制甜味；少量用于英式棕色爱尔啤酒，广泛使用于波特和世涛中，可以使这类爱尔啤酒带有一种苦甜的巧克力滋味和愉悦的烘烤特征，并让啤酒呈现出较深的暗红黑色；如果过量使用，会使啤酒带有焦炭的味道，影响口味。

2. 重度烘烤大麦芽（也称为黑麦芽）（Black Malt）550°L

黑麦芽其实是没有真正发芽的大麦，是重度烘烤的普通大麦，它拥有一种独特的、干的咖啡味，常用于世涛等深色啤酒的酿制。

第二节　酒花和酒花制品

酒花学名“蛇麻”（图2-4），又名忽布，为大麻科葎草属多年蔓性草本植物，酒花有雌花和雄花之分，雌雄异株，啤酒酿造通用雌花。雌花花体为绿色或黄绿色，呈松果状，长为2~4cm，由30~50个花片被覆在花轴上。由于酒花是啤酒酿造的重要原料，故又名啤酒花。酒花的作用主要是赋予啤酒爽口的苦味和酒花香味、促进麦汁和啤酒的澄清、有利于啤酒的泡沫性能、作为啤酒防腐剂。

图 2-4　酒花

一、酒花的主要有效成分及其在酿造上的作用

啤酒花已知的化学成分有 200 多种，包括蛋白质、脂肪、蜡、无氮浸出物、纤维素和无机物质等一般的植物成分；酿造上酒花的有效成分主要包括酒花精油、酒花苦味物质和酒花多酚类物质。

（一）酒花精油

酒花精油含于啤酒花腺体颗粒中，含量为干酒花的 0.4%~2.0%，香型花含量高于苦型花，酒花精油溶解度极小，易于挥发，容易氧化，大部分酒花精油在麦汁煮沸或热、冷凝固物分离过程中被分离出去，尽管酒花精油在啤酒中保存下来的很少，但却是啤酒中酒花香味的主要来源。

（二）α -酸（葎草酮）

α-酸在干酒花中的含量为 2%~16%，本身具有苦味和防腐能力，在 1~1.5h 的麦汁煮沸过程中，有 40%~60%的 α-酸转化为异 α-酸，同时有 20%~30%的 α-酸转化成苦味不正常的衍生物。α-酸对啤酒泡沫具有促进作用，是啤酒中苦味和防腐力的主要来源。每增加 1.6mg/L 的异 α-酸相当于增加 1.0 IBU（国际苦味值单位）。

（三）β -酸（蛇麻酮）

β-酸在新鲜酒花中的含量为 1%~10%，软性树脂，有很强的酒花香味。但不及 α-酸苦味大（相当于 α-酸苦味的 1/9）；防腐能力相当于 α-酸的 1/3。β-酸能赋予啤酒柔和的苦味。

（四）多酚物质

多酚物质主要是花色苷、花青素和单宁等，其中花色苷占多酚物质的80%。酒花中的多酚含量比大麦中多酚含量要高得多，是影响啤酒风味和引起啤酒浑浊的主要成分。酒花中的多酚在麦汁煮沸时有沉淀蛋白质的作用，但这种沉淀作用在麦汁冷却、发酵、甚至过滤装瓶后仍在继续进行，从而会导致啤酒浑浊。因此酒花多酚对啤酒既有有利的一面，也有不利的一面，需要在酿造中很好地控制。

酒花贮存时间过长，由黄绿色变为赤褐色，是氧化的缘故。酒花贮存指数（HSI）是硬树脂与软树脂的比率，软树脂包含 α-酸、β-酸、未定性软树脂；硬树脂包含单宁、软树脂分解产物等。随着酒花的贮存，软树脂减少，而硬树脂增加。HSI 的范围在 0.25（新鲜酒花）到 2.0（老化酒花）之间。酒花贮存指数可以用来判别酒花的质量和贮存时间。

如果以具体成分来分析，优质酒花 α-酸含量应大于 6.5%（干态计），β-酸含量应大于 2.0%（干态计），优质香型花 α-酸/β-酸的比值接近 1∶1，酒花精油含量为 2.0%~2.5%。

二、酒花制品的种类

新鲜酒花干燥后制成的全酒花，具有不易保管、不便运输、有效成分利用率不高等缺陷。而酒花制品不但便于保管运输、可以长时间贮存，而且啤酒酿制中有效成分的利用率高，使用方便，普遍受到欢迎。

酒花制品一词通常指酒花的任何一种加工后的存在形式，常用酒花制品有颗粒酒花、酒花浸膏、酒花油等。

（一）颗粒酒花

颗粒酒花是把粉碎后的酒花压制成颗粒（图 2-5），密闭包装并充入惰性气体保藏的酒花制品，具有体积小、不易氧化、运输使用、控制和保管都比较方便的优点。

图 2-5 颗粒酒花

例如，浓缩颗粒酒花中 T-90 型和 T-45 型颗粒酒花；

（1）T-90 型　100kg 啤酒花苞（hop cones）= 90kg 颗粒酒花（pellets）

（2）T-45 型　100kg 啤酒花苞（hop cones）= 45kg 颗粒酒花（pellets）

（二）酒花浸膏

酒花浸膏是利用萃取剂将酒花中 α-酸萃取出的树脂浸膏，是以 α-酸为主体成分的酒花制品。酒花浸膏的主要优点是提高了 α-酸的利用率。按萃取剂的不同可分为有机溶剂萃取浸膏和 CO_2 萃取浸膏。

（三）异 α -酸浸膏

酒花先通过异构化再进行 CO_2 萃取制成异 α-酸浸膏。异 α-酸浸膏应和颗粒酒花、酒花浸膏等配合使用，可以在发酵后或滤酒前添加，添加量根据产品苦味要求确定。

（四）酒花油

在 CO_2 萃取制备 α-酸浸膏的废液中，存在大量的 β-酸酒花油。在适当的条件下进行萃取，可获得含 20%左右的酒花油和 70%β-酸及其衍生物、α-酸、多酚物质含量极少的固体树脂浸膏，即 β-酸酒花油。β-酸酒花油替代麦汁煮沸中最后一次添加的酒花，可提供新鲜的酒花香气，添加的数量可通过试验确定。

三、精酿啤酒中常用酒花品种及特征

（一）我国主要酒花品种及其特征

（1）青岛大花　为苦香兼型酒花，在国际市场上属非通用品种，α-酸含量 5.0%~7.5%，β-酸含量 3.5%~5.0%。在我国新疆和甘肃进行种植，为我国啤酒企业主要使用酒花品种之一。

（2）麒麟丰绿　从日本引进，为高 α-酸品种，平均为 9.5%，最高可达 12%，抗病性强，尤其是对霜霉病抗性较强。

（3）扎幌 1 号（扎一 1 号）　为国产香型酒花，从日本引进品种。

（4）努格特　高甲酸高产量品种，原产于美国，几乎可以生长于任何土壤。

（5）马可·波罗　从美国联合酒花公司引进的品种，属于高 α-酸的苦型酒花品种，其 α-酸含量一般在 12%~14%。

（二）国际著名酒花品种及其特征

（1）萨兹（Saaz）　产于捷克共和国，为早熟品种，香型酒花，花体圆锥形，香味极佳，抗病害和贮藏性能差，适于酿造淡色啤酒。

（2）哈拉道（Hallertauer traditional） 产于德国，为中早熟品种，香型酒花，香型优良，抗病能力强，产量高而且稳定。

（3）斯派尔特（Spalt） 产于德国，为中早熟品种，香型酒花，花体卵圆形，黄绿色，德国传统香花，易感染枯萎病，较难栽培，产量较高。

（4）赫兹布鲁克（Hersbrucker spaet） 产于德国，为晚熟品种，香型酒花，花色鲜绿，香味好，贮藏稳定性差。

（5）佩勒（Perle） 产于德国，为中早熟品种，苦香兼型，浅绿色，香气优良，抗病能力强，产量中等，贮藏性能良好，可作香花用。

（6）肯特戈尔丁（Kent Golding） 产于英国，为中晚熟品种，香型酒花，著名的香花品种，花体小，圆形，黄绿色，香味极佳，抗病能力弱，产量低。

（7）施蒂里亚戈尔丁（Styrian Golding） 该品种主要生长在斯洛文尼亚地区，也在澳大利亚斯蒂尔地区生产，因其特有的香气和平均甲酸含量而非常流行。

（8）北酿（Northern brewer） 产于英格兰，具有很高的甲酸含量，其主要品种生长于哈拉道地区，有良好的香气，对枯萎病抵抗力较强。

（9）威廉麦特（Willamette） 产于美国，属香型酒花，具有良好的香气及酿造性能，适合用于生产淡爽型啤酒，被世界上多个著名啤酒品牌采用。

（10）卡斯卡特（Cascade） 产于美国，具有特殊的酒花香味，被广泛应用于微型啤酒厂及生产一些特殊风味的啤酒。

第三节 啤酒酵母

几个世纪前，人们未能真正认识到酵母菌在啤酒酿造中的重要性。酿造啤酒的修道士们都模糊地认为酵母菌所产生出的效果只是某种奇迹，就像万能的上帝一样。正是法国近代微生物学的创始人路易斯·巴斯德（Louis Pasteur）对酵母活性的分析，和丹麦生物学家埃米尔·汉森（Emil Hansen）在嘉士伯酿造厂对纯种酵母的分离和培育，才使酵母发酵技术走下神坛而成为微生物学的一部分。酵母菌是一种单细胞微生物，它既能在有氧环境生长，也能在无氧环境生长，酵母菌的主要养分是糖，酵母菌把麦汁中的糖分解产生能量的同时，生成了二氧化碳、酒精和其他副产物，从而得到具有独特风味的低度饮料酒。

一、啤酒酵母的特性要求

啤酒工厂使用的啤酒酵母是由野生酵母经系统的长期驯养，经反复使用和检验而获得，具有正常生理状态和特性，适合啤酒生产要求；自酿啤酒通常直接购置各种高活性的啤酒干酵母。精酿啤酒发酵中，对啤酒酵母的基本要求是：发酵力高，凝聚力强，沉降缓慢而彻底，繁殖能力适当，生理性能稳定，酿制出的啤酒风味好。啤酒酵母的主要特性要求如下。

（一）酵母细胞的结构和菌落形态

酵母菌是一种单细胞真核微生物，其细胞结构见图 2-6；不同菌株的啤酒酵母有着不同的形态。优良健壮的啤酒酵母细胞，具有均匀的形状和大小，平滑而薄的细胞膜，细胞质透明均一。

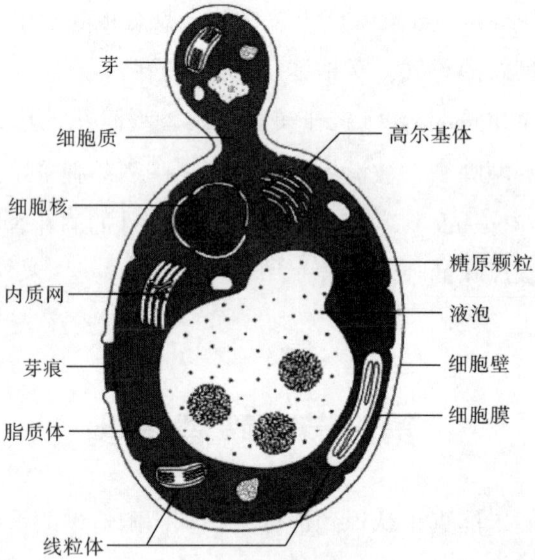

图 2-6 酵母细胞的结构

啤酒酵母在麦芽汁固体培养基上菌落呈乳白色至微黄褐色，表面光滑但无光泽，边缘整齐或呈波状。

（二）啤酒酵母的主要生理特性

1. 凝聚性

凝聚性是指培养过程中酵母细胞从悬浮状态（或漂浮状态）聚集成团、沉降下来的现象（絮凝）；絮凝通常发生在细胞分裂停止后，凝聚性不同，酵母的沉降速度不同，发酵度也有差异；凝聚性使得大部分酵母在主发酵后沉淀，少部分酵母在后发酵中逐渐沉淀，后发酵中的酵母可减少包括双乙酰在内的风味化合物；啤酒生产一般选择凝聚性比较强的酵母。

2. 发酵度

发酵度反映酵母对麦芽汁中各种糖的利用情况，正常的啤酒酵母能发酵葡萄糖、果糖、蔗糖、麦芽糖和麦芽三糖等。一般啤酒酵母的真正发酵度应为50%~68%。酵母对糖的吸收顺序为：葡萄糖>果糖>蔗糖>麦芽糖>麦芽三糖。

3. 酵母死灭温度

死灭温度是指一定时间内使酵母死灭的最低温度，可作为鉴别酵母菌株的指标之一。一般啤酒酵母的死灭温度在52~53℃，若死灭温度增高，则说明酵母变异或污染野生酵母。

4. 产生孢子能力

一般啤酒酵母菌种都不能产生孢子或产孢能力极弱，而某些野生酵母能很好产孢。根据此特性，可判别啤酒酵母是否混入野生酵母。

二、啤酒酵母的种类

根据啤酒酵母的发酵类型和凝聚性的不同，可分为上面酵母与下面酵母，凝聚性酵母与粉状酵母。上面酵母与下面酵母主要区别见表2-2，凝聚性酵母与粉状酵母的区别见表2-3。

三、啤酒酵母的质量检验

（一）形态检验

液态培养中的优良健壮的酵母细胞应具有均匀的形状和大小，平滑而薄的细胞壁，细胞质透明均一；年幼少壮的细胞内部充满细胞质；老熟的细胞出现液泡，内贮细胞液，呈灰色，折光性强；衰老细胞中液泡多，内容物多颗粒，折光性较弱。

生产上使用的酵母一般死亡率应在3%以下，新培养的酵母死亡率应在1%以下。镜检中，不应有杂菌污染。

表 2-2 上面酵母与下面酵母的区别

区别内容	上面酵母	下面酵母
细胞形态	多呈圆形，多数细胞集结在一起	呈卵圆形，细胞分散
发酵时生理现象	发酵终了，大量细胞悬浮在液面	发酵终了，大部分酵母凝聚而沉淀器底
发酵温度	15~25℃	5~12℃
对棉子糖发酵	能将棉子糖分解为蜜二糖和果糖，只能发酵 1/3 果糖	能全部发酵棉子糖
对蜜二糖发酵	缺乏蜜二糖酶，不能发酵蜜二糖	含有蜜二糖酶，能发酵蜜二糖
37℃培养	能生长	不能生长
利用酒精生长	能	不能

表 2-3 凝聚性酵母与粉状酵母的区别

区别内容	凝聚性酵母	粉状酵母
发酵时情况	酵母易于凝聚沉淀（下面酵母）或凝聚后浮于液面（上面酵母）	不易凝聚
发酵终了	很快凝聚，沉淀致密，或于液面形成致密的厚层	长时间地悬浮在发酵液中，很难沉淀
发酵液澄清情况	较快	不易
发酵度	较低	较高

（二）发酵度检验

酵母的发酵度可用下式计算：

$$实际发酵度（\%）=\frac{发酵前麦汁浓度（\%）-发酵后去除酒精的麦汁浓度（\%）}{发酵前麦汁浓度（\%）}\times 100$$

$$外观发酵度（\%）=\frac{发酵前麦汁浓度（\%）-发酵后未去除酒精的麦汁浓度（\%）}{发酵前麦汁浓度（\%）}\times 100$$

在正常情况下，表观发酵度一般为 75%~87%，真正发酵度为 60%~70%，表观发酵度一般比真正发酵度约高 20%，可按下式粗略换算：

$$实际发酵度=表观发酵度\times 0.819$$

淡色啤酒的发酵度可按表 2-4 来划分。

表 2-4 淡色啤酒高、中、低发酵度区分

啤酒酵母类别	淡色啤酒	
	表观发酵度/%	实际发酵度/%
低发酵度酵母	68~74	55~59
中发酵度酵母	75~82	60~66
高发酵度酵母	82 以上	66 以上

另外可通过凝聚性、发酵速度、死灭温度、出芽率、耐酒精度、产酸、产酯等生理特性对啤酒酵母进行检验。

四、精酿啤酒中常用酵母

1. M27 比利时高酒精度爱尔酵母（图 2-7）

类型：爱尔酵母。

风格：比利时风格。

最终沉降性：中等。

发酵温度：18~32℃，建议温度：26~32℃。

M27 是一款高发酵度的比利时爱尔酵母。发酵温度高，具有辛辣、水果、胡椒的味道特征。酒精度可达 14%，是一款典型的比利时季节酵母。

图 2-7 M27 比利时高酒精度爱尔酵母

2. 弗曼迪斯（Fermentis）W34/70 酵母（图 2-8）

类型：拉格酵母。

风格：德式/麦香型。

最终沉降性：高。

发酵温度：9~22℃，适合温度：12~15℃。

全球最出名的酵母菌种，来源于德国维森酒厂（Weihenstephan 始建于 1040 年，世界上最古老的啤酒厂）。高清香沉淀型，由于其良好的发酵特性，干冷的麦香味，被众多啤酒集团普遍使用；另外由于发酵温度高，也很适合家酿使用。

图 2-8 Fermentis W34/70 酵母

3. CBC-1 高酒精度啤酒酵母（图 2-9）

类型：爱尔酵母。

风格：调节型。

最终沉降性：好。

发酵温度：15~25℃。适合温度：15~25℃。

CBC-1 是一种高酒精、高压力耐受度的酵母，酒精耐受度高达 14%，专门为瓶中及桶中发酵而设计，形成的酵

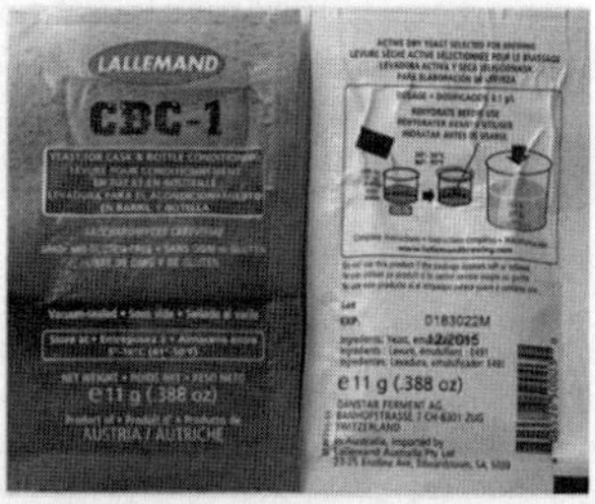

图 2-9 CBC-1 高酒精度酵母

母泥层紧实；酵母本身风味不明显，对酒体影响小；也可以在主发酵中使用，直接酿制高酒精度的啤酒或香槟风格啤酒、水果啤酒。

4. Belle Saison 比利时季节酵母（图 2–10）

类型：爱尔酵母。

风格：比利时果香型。

最终沉降性：好。

发酵温度：15~25℃。适合温度：18~23℃。

爱尔季节酵母是一款比利时风格的酵母，发酵速度快，17℃下 5 天完成主发酵，发酵度极高，富有浓郁的脂酚香味、果香味和一点辛辣味。拥有高糖、高酒精耐受度，可达到 12%（体积分数）。适合酿制比利时季节啤酒、三料、四料啤酒、双料 IPA 等。

图 2–10　Belle Saison 比利时季节酵母

5. BRY–97 美国西海岸啤酒酵母（图 2–11）

类型：爱尔酵母。

风格：美式。

最终沉降性：好。

发酵温度：12~25℃。适合温度：17~21℃。

BRY–97 是一款美国西海岸风格的爱尔酵母，它出自西贝尔（SIEBEL）学院，并广泛用于商业酒厂生产不同风格的啤酒。17℃时 4 天完成主发酵。味道干冷，平衡，适合酿造美式风格啤酒。

图 2–11　BRY–97 美国西海岸啤酒酵母

6. S–04 酵母（图 2–12）

类型：爱尔酵母。

风格：英式果香型。

最终沉降性：高。

发酵温度：12~25℃。适合温度：15~20℃。

非常出名的英国商业用酵母品种。发酵速度快，能够形成很好地发酵脂，提升啤酒的酯香。在发酵后期能够形成紧密的酵母泥，有利于提高啤酒的清亮度。该酵母品种可广泛用于爱尔啤酒的生产，特别适用于木桶发酵和锥形罐啤酒的生产。常用于酿造各类英式淡色、英式苦啤、IPA 等。

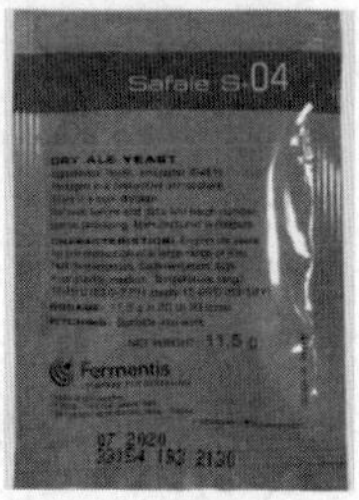

图 2–12　S–04 酵母

7. T–58 酵母（图 2–13）

类型：爱尔酵母。

风格：比利时果香型。

最终沉降性：好。

发酵温度：12~25℃。适合温度：15~20℃。

T–58 是一种非常特殊的酵母，有着非常好的果香味和辛辣味道。通常用于瓶装啤酒的发酵。该菌种发酵性能优异，残糖低，

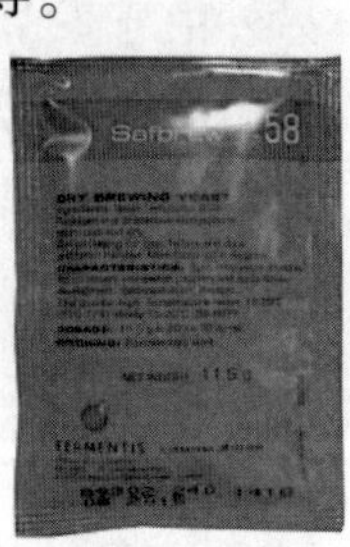
图 2–13　T–58 酵母

酒精度可高达11.5%（体积分数）。非常适合酿造比利时风格的三料和四料、以及俄罗斯帝王世涛。

8. 慕尼黑小麦酵母（Munich Wheat）（图2-14）

类型：爱尔酵母。

风格：德国捷克果香型。

最终沉降性：中。

发酵温度：12~25℃。适合温度：12~19℃。

慕尼黑小麦酵母广泛用于生产各式各样的巴伐利亚风格的小麦啤酒，具有怡人酯香和水果清香。发酵能力十分优秀，起发速度快，在17℃下可以在短短4天内即完成主发酵，被欧洲大量啤酒餐厅所喜爱。沉降能力中等。

图2-14 慕尼黑小麦酵母

精酿啤酒（自酿啤酒）所购置的高活干酵母，一般处于低温的休眠状态，酵母使用前，应以10倍于酵母质量的温水（30~35℃）浸泡，使酵母菌苏醒活化，注意水温不能过高，保温30min左右后，再将活化的酵母溶液加入麦芽汁中，过程如图2-15所示。

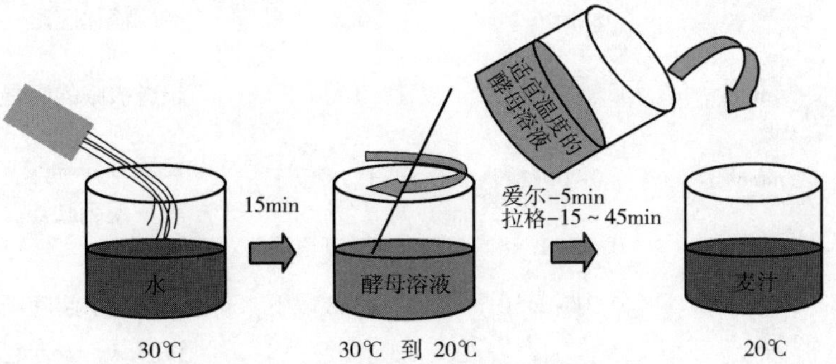

图2-15 干酵母活化过程

精酿啤酒酿造大多选择爱尔啤酒酵母，主要是从酿造者所处的环境和所使用的器具方面考虑，爱尔酵母的最佳发酵温度在18~24℃，这个温度比较容易控制，春季、秋季基本上室温都在这个区间，爱尔酵母的发酵周期和酒体成熟期比拉格酵母要短，对没有储酒设施的个人自酿爱好者比较适合。

第四节 酿造用水

一、酿造用水质量要求

啤酒生产用水包括酿造用水（直接进入产品中的水如糖化用水、洗糟用水、啤酒稀释用水）和洗涤、冷却用水等。成品啤酒中水是最重要的成分之一，含量最大，俗称啤酒的“血液”，因此酿造优质的啤酒必须用优质的水源，世界著名啤酒的特色都是由各自酿造用水的水质所决定的。酿造用水的水质好坏主要取决于水中溶解盐的种类与含量、水的生物学纯净度及气味，这些因素将对啤酒酿造、啤酒风味和稳定性产生很大影响，酿造用水除必须符合饮用水标准外，还要满足啤酒生产的特殊要求。酿造用水质量要求见表 2-5。

表 2-5 酿造用水质量要求

项目	单位	理想要求	最高极限	超过极限时引起的缺点
色		无色	无色	有色水是污染的水，不能使用
透明度		透明，无沉淀	透明，无沉淀	影响麦汁浊度，啤酒容易浑浊
味		20℃，50℃无异味，无异臭	20℃，50℃无异味，无异臭	污染啤酒，口味恶劣，有异味的水不能用来酿制啤酒
总溶解盐类	mg/L	150~200	500 以下	含盐过高的水用来酿制啤酒，口味苦涩粗糙
pH		6.8~7.2	6.5~7.8	造成糖化困难，啤酒口味不佳
有机物（高锰酸钾耗氧量）	mg/L	0~3	10 以下	超过极限的水是严重污染的水
碳酸盐硬度	mmol/L	0~0.71	1.78 以下	使麦芽醪降酸，造成糖化困难等一系列缺点，浓度过高，影响口味
非碳酸盐硬度	mmol/L	0.71~1.78	2.50 以下	
总硬度	mmol/L	0.71~2.50	4.28 以下	过量则引起啤酒口味粗糙
铁盐（以 Fe 计）	mg/L	0.3 以下	0.5 以下	铁腥味，麦汁色度深，影响酵母生长发酵，使单宁氧化及啤酒浑浊
锰盐（以 Mn 计）	mg/L	0.1 以下	0.5 以下	啤酒缺少光泽，口味粗糙
氨态氮（以 N 计）	mg/L	0	0.5	表明水源受严重污染
硝酸根态氮（以 N 计）	mg/L	0.2 以下	0.5	部分硝酸根能还原为亚硝酸根
亚硝酸根态氮（以 N 计）	mg/L	0	0.05	酵母变异，口味改变，有致癌作用
氯化物（Cl^- 计）	mg/L	20~60	80	过量引起酵母早衰，啤酒有咸味
硅酸盐（SiO_2 计）	mg/L	30 以下	50 以下	麦汁不清，影响酵母发酵和啤酒过滤，引起啤酒浑浊，口味粗糙
微生物			细菌总数<100 个/mL，不得有大肠杆菌和八叠球菌	超标对人体健康有害

二、水质对啤酒风味的影响

（一）水的硬度

水中所含钙、镁离子和水中存在的碳酸根离子、硫酸根离子、氯离子、硝酸根离子所形成盐类的浓度称为水的硬度。我国规定 1L 水中含有 10mg 氧化钙为 1°d（德国度）。硬度的法定计量单位以 mmo/L 表示，1mmo/L＝2. 804°d。

水的硬度分为暂时硬度（也称为碳酸盐硬度，指水中钙、镁的碳酸盐氢盐浓度）、永久硬度（也称为非碳酸盐硬度，指水中钙、镁的硫酸盐、氯化物、硝酸盐等浓度）和负硬度（含钾、钠的碳酸氢盐浓度），也可以钙硬度和镁硬度来分类。

水的硬度并非越小越好，实验证明水的硬度过小对酵母的生长繁殖不利。表现在发酵过程中，会出现降糖缓慢，发酵时间过长，易染菌等现象。所以对水的硬度的要求，应根据所使用的酵母菌种和产品的类型而定。淡色啤酒要求使用 8°d 以下的软水，深色啤酒可用 12°d 以上的硬水。

（二）水的碱度

1. 残留碱度（RA）

是对水中具有降酸作用和增酸离子的综合考评，可以预测水中碳酸氢盐、钙硬度、镁硬度对麦芽汁和啤酒的影响程度。

水的残留碱度＝水的总硬度-抵消碱度

2. 总碱度（GA）

当水中不含碳酸氢盐时，水的总碱度就是水的碳酸盐硬度（暂时硬度），二者表示方法相同，均以 mmol/L 表示。如果水中含有碳酸氢盐，则水的总碱度大于碳酸盐硬度，此时水呈负硬度。

3. 抵消碱度（AA）

抵消碱度（AA）是指钙、镁离子增酸效应抵消碳酸氢盐降酸作用所形成的酸度。

抵消碱度＝钙硬度/3. 5+镁硬度/7. 0

即　　　　RA＝GA-AA＝GA-（钙硬度/3. 5+镁硬度/7. 0）

酿造不同的啤酒对水的残留碱度要求也不同，淡色啤酒 RA≤5°d，深色啤酒 RA>5°d，黑色啤酒 RA>10°d。应注意，水的残留碱度过高，将会使得糖化醪 pH 增加，抑制有关酶的活性，从而降低浸出率，同时高残碱还产生诸如增加麦汁颜色、产生粗糙的酒花苦味、降低麦汁澄清度等不利影响，因此，酿造用水应控制合适的残留碱度。

（三）水中离子对 pH 的影响

1. 碳酸氢盐的降酸作用

水中的离子如钙、镁和碳酸氢根离子与 $H_2PO_4^-$ 生成 HPO_4^{2-}，使得醪液酸度下降。酸度下降会给生产工艺带来诸多的不便，如：影响酶的最适作用条件，糖化效果差，麦汁收得率降低，可发酵性糖降低，酒花苦味粗糙，发酵缓慢，发酵时间延长，发酵度降低等。

$$2KH_2PO_4+Ca(HCO_3)_2 \longrightarrow CaHPO_4+K_2HPO_4+2H_2O+2CO_2\uparrow$$

有过量的 $Ca(HCO_3)_2$ 存在时，则上述反应继续，形成 $Ca_3(PO_4)_2$ 沉淀。

$$4KH_2PO_4+3Ca(HCO_3)_2 \longrightarrow Ca_3(PO_4)_2\downarrow+2K_2HPO_4+2H_2O+2CO_2\uparrow$$

2. Ca^{2+}、Mg^{2+}的增酸作用

K_2HPO_4 与形成永久硬度的硫酸盐（或氯化物）作用，使碱性的 K_2HPO_4 又恢复为酸性的 KH_2PO_4：

$$4K_2HPO_4+3CaSO_4 = Ca_3(PO_4)_2\downarrow+2KH_2PO_4+3K_2SO_4$$

同理：$4K_2HPO_4+3MgSO_4 = Mg_3(PO_4)_2\downarrow+2KH_2PO_4+3K_2SO_4$

由于 $MgSO_4$ 形成的酸性 KH_2PO_4 较 $CaSO_4$ 形成的少，Ca^{2+}的增酸作用强，是 Mg^{2+}的 2 倍，且 Mg^{2+}的风味欠佳，生产中采用 $CaSO_4$ 或 $CaCl_2$ 增酸，调节 pH。

3. Na^+、K^+的影响

啤酒中钠和钾主要来自于原料，其次才是酿造水。啤酒中 Na^+、K^+含量过高，容易使浅色啤酒口味变得粗糙、不柔和，一般啤酒中 $Na^+:K^+$常常在（50~100）:（300~400）。因此要求酿造用水中的 Na^+、K^+含量较低，若两者超过 100mg/L，则这种水不适宜酿造浅色啤酒。

4. Fe^{2+}、Mn^{2+}的影响

优质啤酒含 Fe^{2+}应少于 0.1mg/L，若啤酒中含 Fe^{2+}>0.5mg/L，会使啤酒泡沫不洁白，加速啤酒的氧化浑浊。若啤酒中含 Fe^{2+}>1mg/L 会使啤酒着色，并具有空洞感、铁腥味。酿造水中的 Fe^{2+}最高限量，文献报道不一，一般认为应低于 0.2~0.3mg/L。

Mn^{2+}对啤酒影响与 Fe^{2+}相似，同时它是多种酶的辅基，尤其能提高蛋白酶活性。当 Mn^{2+}水平超过 0.5mg/L 时，会干扰发酵，并使啤酒着色。酿造水中 Mn^{2+}应低于 0.2mg/L。

5. Pb^{2+}、Sn^{2+}、Cr^{6+}、Zn^{2+}等的影响

重金属是酵母的毒物，会使酶失活，导致啤酒浑浊。除 Zn^{2+}以外的重金属离子在酿造水中均应低于 0.05mg/L。

Zn^{2+}是酵母生长必需的无机离子，如果麦芽汁含有 0.1~0.5mg/L 的 Zn^{2+}，酵母能

旺盛生长，发酵力强，同时它还能增强啤酒泡沫的强度。酿造用水中 Zn^{2+} 可以放宽到低于 2mg/L。

6. SO_4^{2-} 的影响

酿造水中 SO_4^{2-} 经常和 Ca^{2+} 结合，在酿造中能消除 HCO_3^- 引起的碱度和促进蛋白质絮凝，有利于麦芽汁的澄清。酿造浅色啤酒的水中含 SO_4^{2-} 可以在 50~70mg/L，过多也会引起啤酒的干苦和不愉快的味道，使啤酒的挥发性硫化物的含量增加。

7. Cl^- 的影响

Cl^- 对啤酒的澄清和胶体稳定性有重要作用，Cl^- 能赋予啤酒丰满的酒体，爽口、柔和的风味。酿造水中 Cl^- 含量应在 20~60mg/L，最高不能超过 100mg/L。麦芽汁中 $Cl^->$ 300mg/L 时，会引起酵母早衰、发酵不完全和产生 $MgSO_4$ 沉淀。

8. NO_2^- 的影响

NO_2^- 是国际公认的致癌物质，也是酵母的强烈毒素，它会改变酵母的遗传性状和发酵性能，甚至抑制发酵。在糖化时会破坏酶蛋白，抑制糖化，它还能给啤酒带来不愉快的气味，酿造水中应不含有 NO_2^-。当它的含量>0. 1mg/L 时，这种水应禁止作为酿造水。

NO_3^- 有害作用较小，清洁水中很少有多量的 NO_3^-。在受到生物废物特别是粪便污染时，水会含有较高的 NO_3^-。饮用水的 NO_3^- 标准为<5. 0mg/L 时，与啤酒酿造用水的要求相近。

9. F^- 的影响

啤酒酿造水中如果 $F^->$10mg/L 会抑制酵母生长，使发酵不正常。酿造用水不应含有 F^-。

10. SiO_3^{2-}、SiO_2 的影响

几乎所有的天然水中均含有 SiO_3^{2-}，火山地带的水中 SiO_3^{2-} 的含量高达 50~100mg/L。硅酸在啤酒酿造中会和蛋白质结合，形成胶体浑浊，在发酵时也会形成胶团吸附在酵母上，降低发酵度，并使啤酒过滤困难。因此高含量的硅酸是酿造水的有害物质。慕尼黑的水含 SiO_3^{2-} 为 5. 6mg/L，比尔森酿造水 SiO_3^{2-} 的含量为 12mg/L，一般认为 SiO_3^{2-} 含量>50mg/L 的水绝对不能用于酿造啤酒。

11. 余氯的影响

天然水不含余氯。自来水中的余氯是供水厂在水处理中加氯气或漂白粉消毒带来的。啤酒酿造水中应绝对避免余氯的存在，因其具有强烈的氧化作用，将会破坏酶的活性，抑制酵母发酵。所以，用自来水或自供水（用氯消毒的水）做酿造水时必须经过活性炭脱氯。

三、四种世界著名啤酒酿造用水比较

酿造用水的水质好坏主要取决于水中溶解盐的种类与含量，世界著名啤酒的特色都

是由各自酿造用水的水质所决定的。四种世界著名啤酒（多特蒙德、慕尼黑、维也纳、比尔森）的酿造用水比较见表 2-6。

表 2-6　　四种世界著名啤酒酿造用水比较

项目	单位	多特蒙德	慕尼黑	维也纳	比尔森
总硬度	°d	41.3	14.8	38.6	1.6
碳酸盐硬度	°d	16.8	14.2	30.9	1.3
非碳酸盐硬度	°d	24.5	0.6	7.7	0.3
钙硬度	°d	36.7	10.6	22.8	1.0
镁硬度	°d	4.6	4.2	15.8	0.6
总碱度	°d	11.1	3.6	8.8	0.4
残留碱度	°d	5.7	10.6	22.1	0.9
SO_4^{2-} 含量	mg/L	290	9.0	216	5.2
Cl^-含量	mg/L	107	1.6	39	5.0
NO_3^-	mg/L	微量	微量	微量	微量
蒸发残渣含量	mg/L	1110	284	948	51
水质评价		属最硬水，但是其非碳酸盐硬度高于碳酸盐硬度，因此，其残留碱度并不高，仍然可以酿造出风格独特的淡色啤酒而闻名于世	属中等硬度水，其主要由碳酸盐硬度构成，残留硬度高，只适合酿造浓色、黑色啤酒，由此水酿造的慕尼黑浓色啤酒，独具特色，享誉世界	属硬水，且主要是碳酸盐硬度残留碱度特别高，只适合酿造浓色啤酒	属最软水，含盐量低，残留碱度低，适合酿造淡色啤酒，并采用香味突出的萨兹酒花，酒花用量大，但不后苦，形成了比尔森啤酒的特殊风格，闻名于世

四、水的处理方法

若酿造用水某些项目达不到要求，必须对酿造用水进行适当处理。水处理方法有机械过滤、活性炭过滤、砂滤、加酸法、煮沸法、添加石膏法、离子交换法、电渗析法、紫外线消毒等。

1. 加酸法

加酸可将碳酸盐硬度转变为非碳酸盐硬度，使水的残留碱度降低，降低麦芽汁的

pH，使糖化操作能够顺利进行。

酸的种类有乳酸、磷酸、盐酸或硫酸，一般以加乳酸者多。推荐将食用磷酸和盐酸或硫酸结合使用，其中糖化锅、调节洗糟用水 pH 可添加盐酸或硫酸，并且可以取消石膏或氯化钙。调节煮沸锅麦汁 pH 可用磷酸或乳酸。加酸量除与 pH 有关外，还要注意定型麦汁的总酸含量不能超标。

2. 加石膏或氯化钙

加石膏可以消除 HCO_3^-、CO_3^{2-}的碱度，消除 K_2HPO_4 的碱性，起到调整水中钙离子的浓度等作用。

3. 电渗析法

水中的溶解盐类，多数以离子形式存在，在外加直流电场的作用下，利用阴、阳离子交换膜，使水中离子具有选择透过性的特点，使水中一部分离子迁移到另一部分水中，从而达到除去盐类的目的。一般除盐率达到 58%~68%，即可以降低水的硬度，pH 也能达到使用要求。

4. 反渗透法

反渗透法处理水的原理是：待处理原水在外界高压下，克服水溶液本身的渗透压，使水分子通过半渗透膜，而盐类不能透过，达到除去水中各种盐类，降低水的硬度和除去有害离子的目的。

5. 离子交换法

离子交换法在水处理和制造高纯水中应用最广泛，大型啤酒企业酿造水的处理常采用此法。离子交换法是用一种离子交换剂和水中溶解的某些阴、阳离子发生交换反应，借以除去水中有害离子。在交换反应中，水中离子被离子交换剂吸附，离子交换剂中的 H^+和 OH^-进入水中，从而除去水中存在的阴、阳两类离子。吸附水中离子的离子交换剂，可通过 HCl、NaOH 洗涤再生，反复使用。

第三章

精酿啤酒糖化工艺及设备

第一节　麦芽的粉碎

第二节　糖化的基本理论

第三节　麦汁过滤

第四节　麦汁煮沸与酒花添加

第五节　麦汁的澄清和冷却

第六节　几种典型的精酿啤酒糖化设备

第一节　麦芽的粉碎

一、粉碎的目的与要求

（1）粉碎的目的　麦芽粉碎后，增加了比表面积；糖化时可溶性物质容易浸出，有利于酶的作用。

（2）粉碎的要求　麦芽皮壳应破而不碎。如果过碎，麦皮中含有的苦味物质、色素、单宁等会过多地进入麦汁中，使啤酒色泽加深，口味变差；还会造成过滤困难，影响麦汁收得率。胚乳粉粒则应细而均匀。

二、粉碎方法与设备

1. 麦芽粉碎方法

麦芽粉碎有干法粉碎、湿法粉碎和回潮粉碎三种方法。

（1）干法粉碎　是传统的粉碎方法，要求麦芽水分在 6%~8%，其缺点是粉尘较大，麦皮易碎。

（2）湿法粉碎　是先将麦芽用 50℃水浸泡 15~20min，使麦芽含水质量分数达 25%~30%之后，再用湿式粉碎机粉碎，并立即加入 30~40℃水调浆，泵入糖化锅。优点是麦皮较完整，对溶解不良的麦芽，可提高浸出率 1%~2%；缺点是动力消耗大。

（3）回潮粉碎　又称为增湿粉碎。精酿啤酒中直接使用 3%~8%的温水喷洒，搅拌，再进行粉碎，可达到麦皮破而不碎的目的。

2. 粉碎设备

工业上麦芽粉碎常用辊式及湿式粉碎设备，辊式设备根据辊的数量又可分为对辊式、四辊式、五辊式、六辊式等。小型精酿啤酒麦芽粉碎多用对辊式。对辊式粉碎机是最简单的粉碎机，主要由一对平行安装的拉丝辊，以相反转向运转来将麦芽粉碎。现今许多厂家的对辊式粉碎机可以较准确地控制麦芽粉粒度，以达到酿造要求。

3. 粉碎度的调节

粉碎度是指麦芽或辅料的粉碎程度。一般要求粗粒与细粒（包括细粉）的比例为 1：(2.5~3.0) 为宜。麦芽的粉碎度应视麦芽的性质、糖化方法、麦汁过滤设备的具体情况来调节。

（1）麦芽性质　对于溶解良好的麦芽，粉碎后细粉和粉末较多，易于糖化，因此可以粉碎得粗一些。而对溶解不良的麦芽，玻璃质粒多，胚乳坚硬，糖化困难，因此应粉碎得细一些。

（2）糖化方法　不同的糖化方法对粉碎度的要求也不同。采用浸出糖化法或快速糖化法时，粉碎应细一些；采用长时间糖化法或煮出糖化法时，粉碎可略粗。

（3）麦汁过滤设备　采用过滤槽法，是以麦皮作为过滤介质，要求麦皮尽可能完整，因此麦芽应粗粉碎。采用麦汁压滤机，是以涤纶滤布和皮壳作过滤介质，粉碎应细一些。

第二节　糖化的基本理论

一、糖化的基本概念

糖化是指利用麦芽本身所含有的各种水解酶在适宜的条件（温度、pH、时间等）下，将麦芽不溶性高分子物质（淀粉、蛋白质、半纤维素等）分解成可溶性的低分子物质（如糖类、糊精、氨基酸、肽类等）的过程，由此制得的溶液就是麦汁。麦汁中溶解于水的干物质称为浸出物，麦芽汁中的浸出物含量与原料中所有干物质的质量比称为无水浸出率。

糖化的目的就是要将麦芽中的可溶性物质溶解出来，并且创造有利于各种酶作用的条件，使高分子的不溶性物质在酶的作用下尽可能完全彻底地分解为低分子的可溶性物质，制成符合酿造要求的麦汁。

糖化过程是一项非常复杂的生化反应过程，也是啤酒生产中的重要环节。糖化的要求是麦汁的浸出物收得率要高，浸出物的组成及其比例符合啤酒发酵生产的要求。而且要降低生产费用，降低成本。

二、糖化时酶的作用及影响因素

（一）糖化时主要酶的作用

糖化过程中的酶主要来自麦芽本身。这些酶以水解酶为主，包括淀粉分解酶（主要有 α-淀粉酶、β-淀粉酶、界限糊精酶、麦芽糖酶和R-酶等）；蛋白质分解酶（内肽酶、羧肽酶、氨肽酶等）；β-葡聚糖分解酶（内-β-1，4-葡聚糖酶、内-β-1，3-葡聚糖酶等）等。糖化时主要酶作用的最适条件见表3-1。

1. 淀粉酶

淀粉酶是指可将淀粉水解为糊精、寡糖和单糖等产物的酶的总称。

α-淀粉酶是液化型淀粉酶，对热较稳定。作用于直链淀粉时，生成麦芽糖、葡萄糖和小分子糊精；作用于支链淀粉时，生成界限糊精、麦芽糖、葡萄糖和异麦芽糖。

β-淀粉酶是一种耐热性较差，作用较缓慢的糖化型淀粉酶，作用于淀粉时，生成较多的麦芽糖和少量的糊精。

R-酶又称异淀粉酶，它能将支链淀粉分解为直链淀粉。

2. β-葡聚糖酶

β-葡聚糖酶可将黏度很高的β-葡聚糖降解，从而降低醪液的黏度。

3. 蛋白质分解酶

蛋白质分解酶作用于原料中的蛋白质，分解产物为胨、多肽、小分子肽和氨基酸。

（二）糖化时主要物质的变化

麦芽中可溶性物质很少，占麦芽干物质的18%~19%，有少量的蔗糖、果糖、葡萄糖、麦芽糖等糖类和蛋白胨、氨基酸以及果胶质和各种无机盐等。麦芽中不溶性和难溶性物质占绝大多数，如淀粉、蛋白质、β-葡聚糖等。

表3-1 糖化时主要酶作用的最适 pH、温度

酶的名称	最适 pH	最适温度/℃	失活温度/℃
酸性磷酸酶	4.5~5.0	50~53	70
α-淀粉酶	5.6~5.8	70~75	80
β-淀粉酶	5.4~5.6	60~65	70
麦芽糖酶	6.0	35~40	>40
界限糊精酶	5.1	55~60	>65
R-酶	5.3	40	>70
内-β-葡聚糖酶	4.5~5.0	40~45	>55
外-β-葡聚糖酶	4.5~5.0	27~30	>40
β-葡聚糖溶解酶	6.6~7.0	60~65	72
内肽酶	5.0~5.2	50~60	80
羧肽酶	5.2	50~60	70
氨肽酶	7.2~8.0	40~45	>50
二肽酶	7.8~8.2	40~50	>50
多酚氧化酶	—	—	95

麦芽在糖化过程中的主要物质变化有以下5种。

1. 淀粉的分解

麦芽的淀粉含量占其干物质的50%~60%，麦芽淀粉颗粒在发芽过程中，因受酶的作用，其外围蛋白质层和细胞壁的半纤维素物质已部分被降解，在糖化时更容易受酶的作用而分解。

淀粉的分解分为三个彼此连续进行的过程，即糊化、液化和糖化。

（1）糊化　胚乳细胞在一定温度下吸水膨胀、破裂，淀粉分子溶出，呈胶体状态分布于水中而形成糊状物的过程称为糊化。

（2）液化　经糊化的淀粉，在α-淀粉酶的作用下，将淀粉长链分解为短链的低分子的α-糊精，并使黏度迅速降低的过程称为液化。生产过程中，糊化与液化两个过程几乎是同时发生的。

（3）糖化　淀粉经糊化、液化后，被淀粉酶进一步水解，产生以麦芽糖为主的可发酵性糖和以低聚糊精为主的非发酵性糖的过程。在糖化过程中，随着可发酵性糖的不断产生，醪液黏度迅速下降，碘液颜色反应由蓝色逐步消失至无色。

可发酵性糖是指麦芽汁中能被啤酒酵母发酵的糖类，如果糖、葡萄糖、蔗糖、麦芽糖、麦芽三糖和棉子糖等。非发酵性糖是指麦芽汁中不能被啤酒酵母发酵的糖类，如低聚糊精、异麦芽糖、戊糖等；非发酵性糖虽然不能被酵母发酵，但它们对啤酒的适口性、黏稠性、泡沫的持久性以及营养等均起着有益的作用。

在淀粉分解时，应控制好麦汁中可发酵性糖与非发酵性糖的比例。一般浓色啤酒可发酵性糖与非发酵性糖比例应控制在1∶(0.5~0.7)，浅色啤酒控制在1∶(0.23~0.35)。必须指出在成品麦汁中不允许有淀粉和高分子糊精存在，因为它们容易引起啤酒浑浊。

2. 蛋白质的水解

蛋白质水解很重要，其分解产物影响着啤酒的泡沫、风味和非生物稳定性等。糖化时蛋白质的水解也称蛋白质休止。

麦汁中含氮物质可分为：高分子氮、中分子氮和低分子氮，它们对啤酒的影响是不同的。高分子氮含量过高，煮沸时凝固不彻底，极易引起啤酒早期沉淀；中分子氮含量过低，啤酒泡沫性能不良，过高也会引起啤酒浑浊沉淀；低分子氮含量过高，啤酒口味淡薄，过低则酵母的营养不足，影响酵母的繁殖。因此麦汁中高、中、低分子氮组分要保持一定的比例。据研究，以高分子氮比例为25%左右、中分子氮为15%左右、低分子氮为60%左右较为合适。应当指出的是，这个比例随大麦种类不同而有所变动。对溶解良好的麦芽，蛋白质分解时间可短一些；对溶解不良的麦芽，蛋白质分解时间应延长一些，特别是增加辅料用量时，更需要加强蛋白质的分解。

3. β-葡聚糖的分解

在制麦过程中，已有80%左右的β-葡聚糖被分解，但在麦芽中，尤其是在溶解不良的麦芽中仍有相当数量的高分子β-葡聚糖未被分解，糖化中它们在5~50℃时溶出，会提高麦芽汁的黏度。因此，糖化时要创造条件，通过麦芽中β-葡聚糖分解酶的作用，促进β-葡聚糖降解为糊精和低分子葡聚糖。糖化过程中，控制醪液pH在5.6以下、在37~45℃休止，都有利于促进β-葡聚糖的分解和降低麦芽汁的黏度。当然，β-葡聚糖不可能、也不需要完全被分解，适量的β-葡聚糖也是构成啤酒酒体和泡沫的主要成分。

4. 酸的形成

糖化时，由于麦芽所含的有机磷酸盐（植酸钙镁）的分解和蛋白质分解形成的氨基酸等缓冲物质的溶解，使醪液的pH下降。

5. 多酚类物质的变化

溶解良好的麦芽，游离的多酚物质较多，在糖化时更容易溶出较多的多酚物质。糖化中，多酚物质通过游离、沉淀、氧化和聚合等多种形式不断地变化。

游离出的多酚，在较高温度（50℃以上）下，易与高分子蛋白质结合而形成沉淀；另外在某些氧化酶的作用下，多酚物质不断氧化和聚合，也容易与蛋白质形成不溶性的复合物而沉淀下来。因此，在糖化操作中，减少麦汁与氧的接触、适当调酸降低pH、让麦汁适当的煮沸，使多酚与蛋白质结合形成沉淀等，都有利于提高啤酒的非生物稳定性。

（三）影响糖化的主要因素

1. 麦芽的质量及粉碎度

溶解良好的麦芽，酶的含量高，内容物易受酶的作用。使用这种麦芽时，糖化时间短，生成可发酵性糖多，可采用较低的糖化温度。但在蛋白质休止时，应予以适当限制，避免麦芽中的中分子肽类被过多分解成α-氨基氮，导致啤酒泡持性降低。质量不好的麦芽，糖化力低，酶的活性也低，麦芽粉碎后粗粒多，内容物不易受到酶的作用；使用这种麦芽时，糖化时间长，过滤困难，制得的麦芽汁透明度及色泽都差，最好采用二段法糖化，并延长蛋白质休止时间，尽量提高麦汁的收得率。

麦芽的粉碎必须适度，不能太细，否则细粉太多，麦芽与水混合时易结块，增加糖化的困难。

2. 温度

温度是糖化过程的重要影响因素。各种酶的活性都对温度很敏感。温度的影响不仅取决于温度的高低，还取决于升温速度的快慢。

（1）在蛋白质休止时，蛋白酶作用的最适温度为40~65℃。当蛋白质休止温度较高（50~65℃）时，可溶性高、中分子氮含量增多，但影响非生物稳定性的高分子氮也相应增加，这类高分子氮在低温时容易形成细小凝固物，悬浮于麦汁中，影响发酵与酒液的澄清；当休止温度偏低（45~50℃）时，有利于形成较多的α-氨基氮，但中分子肽类物质也随之减少。休止时间越长，高分子蛋白质的残留量越少，α-氨基氮的积累越多，啤酒的稳定性越好，但不利于啤酒的泡沫形成。

在麦芽溶解较好的情况下，通常采用较高的休止温度和较短的休止时间（例如52℃下 10~15min，再升至 63℃保持 30min）；如果麦芽溶解较差，只能采用较低休止温度（45~50℃）和较长休止时间（1h）。

蛋白质休止时，pH 比温度更具有重要性。通常将麦芽醪调至 pH5.2~5.4，以得到合适的麦汁组分。

（2）α-淀粉酶作用的最适温度是 60~65℃，β-淀粉酶作用的最适温度是 45~52℃。在淀粉水解时，由于糖化醪中有糊精、糖类、蛋白质分解物的存在，增加了淀粉酶的耐热性，所以，实际上 α-淀粉酶的适宜温度为 65~70℃，β-淀粉酶是 60~65℃。当糖化温度高、升温迅速时，α-淀粉酶起主要作用，产生较多的糊精和少量的麦芽糖，产生可发酵性糖较少；当温度低、升温缓慢时，则有利于 β-淀粉酶的作用，产生较多的麦芽糖和少量的糊精，产生的可发酵性糖较多。所以可通过改变糖化温度来调节麦汁中可发酵性糖和非发酵性糖的比例。

另外从麦芽汁收得率考虑，糖化温度为 60~70℃时，麦汁浸出物含量最高。所以实际生产中，糖化温度确定为 60~70℃。

3. pH

蛋白分解酶的 pH 范围集中在 5.0~5.4。当 pH 高于 5.4 时，酶活性受到抑制，可溶性氮下降。pH 低时，产生的低分子氮就多。考虑到各方面影响因素，确定蛋白分解酶的最适 pH 为 5.2~5.4。淀粉分解酶的 pH 范围集中在 5.1~5.8，实际生产中还受到温度等因素的影响，通常在 63~70℃的糖化温度范围内，淀粉酶的 pH 在 5.2~5.6 比较理想。如果 pH 较高，α-淀粉酶将受到抑制；β-淀粉酶也会因钝化而降低活性。

实际酿造中，采用自然 pH，也能满足糖化的要求，也可以选用磷酸或乳酸调节pH。磷酸是中强酸，略有涩味，酸味小，调节效果明显，形成的磷酸盐可作为酵母繁殖所需磷源。乳酸安全可靠，并对啤酒口味有利，但添加量大，成本较高。

4. 糖化醪浓度

对淀粉而言，糖化醪浓度增加则黏度变大，影响酶对基质的渗透，使淀粉的水解速度变慢；浓度越低越有利于糖化，生成的可发酵性糖越多。对蛋白质水解而言，浓醪因酸性物质溶解增加、pH 降低和酶与基质的浓度提高、相互接触机会多而有利于蛋白质休止。一般在糖化中，糖化料水比为 1∶(3~4)。

三、糖化方法

糖化方法很多，传统的糖化方法可分为煮出糖化法和浸出糖化法。

（1）煮出糖化法　是兼用生化作用和物理作用进行糖化的方法。其特点是将糖化醪液的一部分，分批加热到沸点，然后与其余未煮沸的醪液混合，使全部醪液温度分阶段地升高到不同酶分解所需要的温度，最后达到糖化终了温度。煮出糖化法可以弥补一些麦芽溶解不良的缺点。根据醪液的煮沸次数，煮出糖化法可分为一次、二次和三次煮出糖化法以及快速煮出法等。

（2）浸出糖化法　是纯粹利用酶的作用进行糖化的方法，其特点是将全部醪液从一定的温度开始，缓慢分阶段升温到糖化终了温度。浸出糖化法需要使用溶解良好的麦芽。应用此法，醪液没有煮沸阶段。

糖化方法是很灵活的，从传统的煮出法和浸出法，还可以衍生出许多新的糖化方法。

（一）浸出糖化法

浸出糖化法可分为恒温法、升温法两种。

（1）恒温浸出糖化法　将粉碎后的麦芽，投入水中搅匀，65℃保温1.5~2.0h，然后把糖化完全的醪液加热到75~78℃，或添加95℃左右的热水，使醪液温度升到75~78℃，终止糖化，送入过滤槽过滤。

（2）升温浸出糖化法　先利用低温水浸渍麦芽，时间为0.5~1.0h，促进麦芽软化和酶的活化，然后升温到50℃左右进行蛋白质分解，保持30 min，再缓慢升温到62~63℃，糖化30 min左右，然后再升温至68~70℃，使α-淀粉酶发挥作用，直到糖化完全（遇碘液不呈蓝色反应），再升温至76~78℃，终止糖化。

（二）煮出糖化法

1. 一次煮出糖化法

（1）起始温度为30~35℃，然后加热至50~55℃，进行蛋白质休止。也可以开始即进行50~55℃的蛋白质休止；

（2）50~55℃直接升温至65~68℃，进行糖化；

（3）前两次升温（35→50℃，50→65℃）均在糖化锅内进行，糖化终了，麦糟下沉，将1/3~1/2体积的上清液加入糊化锅，加热煮沸，然后与未煮沸的醪液混合，使混合后的醪温达76~78℃。

2. 二次煮出糖化法

二次煮出糖化法适宜处理各种性质的麦芽和制造各种类型的啤酒；以淡色麦芽用此法制造淡色啤酒比较普遍。根据麦芽的质量，下料温度可低（35~37℃）可高（50~52℃）；整个糖过程可在3~4h内完成。

（三）双醪糖化法（复式糖化法）

双醪糖化法采用部分未发芽的淀粉质原料作为麦芽的辅料，麦芽和淀粉质辅料分别在糖化锅和糊化锅中进行处理，然后兑醪。兑醪后按煮出法操作进行的，即为双醪煮出糖化法；兑醪后按浸出法操作进行的，即为双醪浸出糖化法。双醪浸出糖化法常用于酿造淡色啤酒；酿造浓色啤酒或黑色啤酒可采用双醪煮出糖化法。双醪糖化法温度控制见图 3-1。

实际操作中，糖化方法依据原料的质量、发酵类型以及设备条件来选择，通常上面发酵啤酒多用浸出法，下面发酵啤酒多用煮出法；浸出法只需有加热装置的糖化锅，双醪糖化法或煮出法应有糊化锅和糖化锅。

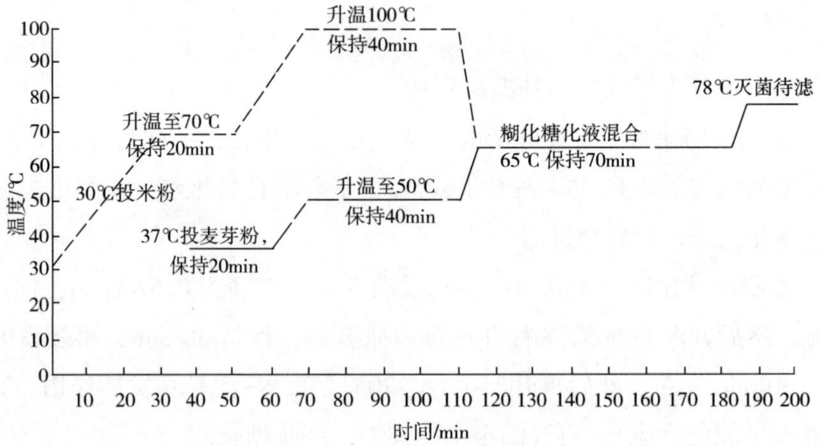

图 3-1 双醪糖化法温度控制

四、糖化工艺技术条件

糖化要控制的工艺技术条件有以下几个方面。

（一）糖化用水

糖化用水是指直接用于糖化锅和糊化锅、使原辅料溶解，并进行化学和生物转化所需的水。糖化用水的多少决定醪液的浓度，并直接影响酶的作用效果。

麦芽糖化的用水量通常用料水比表示，即每 100kg 原料用水的升数。一般根据啤酒类型来确定糖化用水量。淡色啤酒的料水比为 1∶(4~5) （即 100kg 原料的用水升数，下同），浓色啤酒的料液比为 1∶(3~4)，黑啤酒的料水比为 1∶(2~3)。

（二）糖化温度

糖化时温度的变化通常是由低温逐步升至高温，以防止麦芽中各种酶因高温而被破坏。

1. 糖化温度及其相应温度下的酶效应

糖化温度及其相应温度下的酶效应见表 3-2。

表 3-2 各种酶在不同条件下的作用效应

温度/℃	效应
35~37	浸出各种酶，提高酶的活力
40~45	有机磷酸盐分解，β-葡聚糖的分解，蛋白质的分解，R-酶对支链淀粉的解支作用
45~52	蛋白质的分解形成大量低分子含氮物质，β-葡聚糖继续分解，R-酶和界限糊精酶对支链淀粉的解支作用，有机磷酸盐的分解
50	有利于甲醛氮的形成
55	有利于内肽酶的作用，形成大量的可溶性氮，内 β-葡聚糖酶和氨肽酶等逐渐失活
53~62	有利于 β-淀粉酶的作用，形成大量麦芽糖
63~65	蛋白酶的分解能力下降，β-淀粉酶的作用最强，形成最高量麦芽糖
65~67	有利于 α-淀粉酶的作用，β-淀粉酶的作用减弱，糊精生成量相对增加，麦芽糖生成量相对减少，界限糊精酶失去活力
70	α-淀粉酶的最适温度，生成大量短链糊精，β-淀粉酶，内肽酶和磷酸酯酶等失活
70~75	α-淀粉酶的反应速度加快，形成大量糊精，可发酵性糖的生成减少
76~78	α-淀粉酶等耐高温的酶仍起作用，浸出率开始降低
80~85	α-淀粉酶开始失活
85~100	麦芽中的酶基本都被破坏

2. 糖化温度的阶段控制

（1）浸渍阶段　此阶段温度通常控制在 35~40℃。在此温度下有利于酶的浸出和酸的形成，并有利于 β-葡聚糖的分解。

（2）蛋白分解阶段　此阶段温度通常控制在 45~55℃。温度偏向下限，低分子氮含量较高，反之，则高分子氮含量较高。在 45~55℃ 温度范围内，β-葡聚糖继续分解。

（3）糖化阶段　此阶段温度通常控制在 62~70℃。温度偏高，有利于 α-淀粉酶的作用，可发酵性糖减少。温度偏低，有利于 β-淀粉酶的作用，可发酵性糖增多。

（4）糊精化阶段　此阶段温度为 75~78℃。在此温度下，α-淀粉酶仍起作用，残留的淀粉可进一步分解，而其他酶则受到抑制或失活。

（三）糖化时间

广义的糖化时间是指从投料至麦芽汁过滤前的时间；狭义的糖化时间是指麦芽醪温度达到糖化温度起至糖化完全，即碘试反应完全的这段时间。广义的糖化时间与糖化方法密切相关，见表3-3。

表3-3 糖化方法与糖化时间的关系

糖化方法	糖化时间/h	糖化方法	糖化时间/h
三次煮出糖化法	4~6	高温快速糖化法	2左右
二次煮出糖化法	3~4	浸出糖化法	3左右
一次煮出糖化法	2.5~3.5		

（四）pH

糖化过程应尽可能保证酶促反应的最适pH条件，各种酶的反应最适pH见表3-4。对残留碱度较高的酿造用水加石膏、加乳酸、磷酸及其他水处理方法进行处理，使醪液的pH有所下降。也可以添加1%~5%的乳酸麦芽。

适当调低糖化醪的pH，可以达到：①淀粉酶分解淀粉作用更快、更完全，麦汁收得率比较高；②有利于蛋白酶的作用，麦汁的可溶氮较多，麦汁澄清好，啤酒的非生物稳定性也比较好；③多酚物质浸出少，麦汁色泽浅，啤酒口味柔和，不苦杂；④β-葡聚糖分解比较好，有利于麦汁过滤；⑤pH降低后，酒花树脂浸出率低，α-酸的异构也较低，影响酒花的利用率，但酒花的苦味比较柔和。

表3-4 糖化过程的最适pH

项　目	最适pH
最高的蛋白酶活力	4.6~5.0（糖化醪）
最高的α-淀粉酶活力（Ca^{2+}存在）	5.3~5.7（糖化醪）
最高的β-淀粉酶活力	5.3（糖化醪）
最短的糖化时间	5.3~5.6（麦汁）
最高的永久性可溶氮含量	4.6左右（糖化醪），4.9~5.1（麦汁）
最高的甲醛氮含量	4.6左右（糖化醪），4.9~5.1（麦汁）
最高的可发酵性糖含量	5.3~5.4（糖化醪）
最高浸出率（浸出法）	5.2~5.4（糖化醪）
最高浸出率（煮出法）	5.3~5.9（糖化醪）

（五）洗糟用水

第一批麦汁滤出后，用水将残留在麦糟中的糖液洗出所用的水称为洗糟用水。洗糟用水量主要根据糖化用水量来确定，这部分水约为煮沸前麦汁量与头号麦芽汁量之差。制造淡色啤酒，糖化醪液浓度较稀，洗糟用水量则少；制造浓色啤酒，糖化醪液较浓，相应地洗糟用水量大。

洗糟用水温度为75~80℃，残糖质量分数控制在1.0%~1.5%。酿造高档啤酒，应保证残糖质量分数在1.5%以上，以确保啤酒的高质量。

五、影响糖化麦芽汁收得率的因素

（1）麦芽质量　麦芽水分含量和蛋白质含量高，麦芽溶解不良，麦汁收得率降低。

（2）麦芽粉碎度　麦芽粉碎不当，会影响麦芽的分解和麦汁的过滤，导致收得率下降。

（3）糖化方法不当　糖化温度高，糖化时间短等，会导致麦芽的有效成分分解不完全，糖化收得率降低。

（4）麦汁过滤　操作不当会使过滤和洗糟发生困难，导致糟层中残留浸出物较多，糖化收得率下降。

六、糖化物料衡算

根据麦汁产量、麦汁浓度、原料利用率以及混合浸出率等条件计算投料量，然后进行原料的搭配，这是生产技术管理中一项重要工作，具体步骤如下：

（1）确定麦汁浓度和麦汁产量，作为计划原料的依据；

（2）确定原料的配比，如果只使用一种麦芽，则比例为100%。如果使用两种或两种以上的麦芽，或使用辅料，则需要根据配料，而计算其比例；

（3）根据化验出的麦芽和辅料的理论收得率，计算混合原料的混合浸出率；

（4）根据麦汁浓度、麦汁产量、原料利用率和混合浸出率，计算出混合原料使用量，即为投料量。

（一）投料量的计算

1. 原料与辅料（如果有）的配比

工业啤酒常用的配比有70%麦芽、30%大米；75%麦芽、25%大米；65%麦芽、35%大米等几种。

2. 混合原料浸出率的计算

根据化验室提供的麦芽和辅料的理论浸出率，计算出原料的混合浸出率值。

混合浸出率=麦芽浸出率×麦芽使用量（%）+辅料浸出率×辅料使用量（%）

3. 混合原料量的计算

根据麦汁产量、麦汁浓度、原料利用率和混合原料浸出率，便可计算混合料量。

$$混合原料量（kg）=\frac{麦汁产量（L）×麦汁浓度×密度×0.96}{原料利用率×原料混合浸出率}$$

0.96为100℃麦汁冷却到20℃时容积的缩小系数。打出热麦汁的体积量是在100℃时所测量的，但它的糖度值是在20℃的测定值。1L热麦汁冷却到20℃（假设无水分蒸发），那么它的体积只有原来热麦汁体积的96%，麦汁体积减少了4%。

例3-1：一次糖化生产12°P麦汁15000L，麦芽和大米的搭配比例分别为70%，30%。麦芽的理论浸出率为70%（风干物），大米为82%（风干物），原料利用率要求不低于98%，计算总投料量为多少？麦芽与大米各为多少？（12°P麦汁密度为1.0484kg/L）

解：（1）混合浸出率=麦芽浸出率×麦芽使用量+大米浸出率×大米使用量

=70%×70%+82%×30%

=73.6%

（2）$$混合原料量（kg）=\frac{麦汁产量（L）×麦汁浓度×密度×0.96}{原料利用率×原料混合浸出率}$$

$$=\frac{15000×12\%×1.0484×0.96}{73.6\%×98\%}$$

=2511.6（kg）

（3）计算麦芽、大米的使用量

麦芽用量=2511.6×70%=1758.1（kg）

大米用量=2511.6×30%=753.5（kg）

需要注意的是：因为密度取决于温度和压力，而压力对液体来说常常可以忽略，所以表示麦汁密度时必须注明温度。另外，在例1中，已经给出麦汁密度，如果未给出，也可以根据麦汁浓度，按下列近似值计算。

已知：麦汁浓度/°P	麦汁密度/（kg/L）
0（水）	1.000
1	1.004
2	1.008

据此，可以得到一个近似的麦汁密度值。即：麦汁相对密度=糖度×0.004+1。以上述糖度值12°P为例，则麦汁相对密度=12×0.004+1=1.048（kg/L）。可见这两个麦汁相对密度数值之间的差值很小，仅有0.0004。

（二）糖化用水量计算

糖化用水多以原料和水之比（料水比）表示，如每100kg原料用水的升数或千克数。

如果只用麦芽，不使用谷类辅料，设麦芽的浸出率为$W\%$（即100kg原料含有的可溶性物质的千克数)，第一麦汁浓度为 W_p（°P），一次投料量为 100kg，糖化用水量为 V（L），则由质量守恒定律得：

$$W_p=\frac{W}{W+V}\times 100$$

故有：$V=\frac{W(100-W_p)}{W_p}$

例 3-2：已知麦芽的浸出率为 72%，第一麦汁浓度要求达到 16°P，则糖化用水量为：

$$V=\frac{W(100-W_p)}{W_p}=\frac{72\times(100-16)}{16}=378\text{（L/100kg 原料）}$$

如果用到谷类辅料，应根据麦芽与辅料的分配比例以及各自的浸出率，计算混合浸出率；再用上式计算其糖化用水总量。

$$C_{头道麦汁}=\frac{M_{大米浸出物}+M_{麦芽浸出物}}{M_{大米浸出物}+M_{麦芽浸出物}+V_{总投料水}}$$

$$V_{总投料水}=V_{糖化投料水}+V_{糖化投料水}$$

（三）原料利用率的计算

原料利用率的计算方法是原料现场糖化收得率与原料的理论收得率比值的百分数。即：

$$原料利用率（\%）=\frac{实际收得率}{理论收得率}\times 100\%$$

影响原料利用率的因素包括原料水分（大量吸收水分、酶活力下降；新干燥的麦芽水分过低，酶活力尚未恢复，都会使利用率降低）、粉碎度、糖化工艺等。

1. 糖化收得率的计算

糖化收得率是指煮沸后麦汁中的浸出物量与糖化投料量的百分比，它是判断糖化工作的重要指标之一。

由于浸出物量可用下列公式计算：

浸出物量（kg）= 煮沸后麦汁浓度×麦汁密度×打出麦汁量（L）×0.96

所以，糖化收得率可以根据糖化生产现场使用的原料数量、麦汁浓度（20℃）、现场麦汁的产量计算收得率，即用下式计算：

$$糖化收得率=\frac{最终麦汁产量（L）\times 麦汁密度（20℃）\times 麦汁浓度（20℃）\times 0.96}{原料的总质量}\times 100\%$$

在实际计算中，由于校正系数 0.96 始终不变，麦汁密度和麦汁浓度相对固定，因此可以得到一个糖化收得率系数。

即：糖化收得率系数 = 麦汁浓度×麦汁密度×0.96

所以上式也可简写为：

$$糖化收得率=\frac{糖化收得率系数\times打出热麦汁量（L）}{糖化投料量（kg）}$$

例 3-3：要生产一锅比尔森啤酒的麦汁，所投入的比尔森型麦芽量为 46kg，煮沸结束时打出了 330L 浓度为 10.7%（质量分数）的热麦汁，其麦汁密度为 1.0411kg/L，请问糖化收得率为多少？（10.7°P 浓度近似为 10.7%）

解：

方法一：由计算公式：

$$糖化收得率=\frac{最终麦汁产量（L）\times麦汁密度（20℃）\times麦汁浓度（20℃）\times0.96}{原料的总质量}\times100\%$$

得：$糖化收得率=\frac{330\times1.0411\times10.7\%\times0.96}{46}\times100\%=76.72\%$

方法二：如果我们用“糖化收得率系数”计算，则计算过程为：

$$糖化收得率=\frac{10.70\%\times330}{46}=76.76\%$$

由此可见，两种计算方法所得出的结果仅相差 0.04%，对粗略计算无影响，但是与实验收得率（细粉风干收得率）进行比较却很重要，并且只有在使用同一麦芽时，这种比较才有意义。

2. 理论收得率的计算

理论收得率是把原料通过标准协定法制取麦汁后，测出的无水浸出率，这个数值和麦芽品种、溶解程度、麦芽粉碎程度有关。

（1）一般浅色麦芽理论收得率为 79%~82%（无水浸出率）。

（2）一般深色麦芽理论收得率为 75%~78%（无水浸出率）。

例 3-4：某次投料量为 38kg，麦汁产量为 240L，麦汁浓度 11.62%，麦汁密度 1.0468，理论收得率为 80%，计算原料利用率。

解：（1）计算生产现场糖化收得率

$$糖化收得率=\frac{最终麦汁产量（L）\times麦汁密度（20℃）\times麦汁浓度（20℃）\times0.96}{原料总量}\times100\%$$

$$=\frac{240\times11.62\%\times1.0468\times0.96}{38}\times100\%=73.75\%$$

（2）计算原料利用率

$$原料利用率=\frac{实际收得率}{理论收得率}\times100\%=\frac{73.75}{80}\times100\%=92.19\%$$

第三节　麦汁过滤

糖化结束后，必须将糖化醪尽快地进行固液分离，以得到清亮和较高收得率的麦汁。固体部分称为麦糟，液体部分为麦汁，麦汁是啤酒酵母发酵的基质。糖化醪过滤是以大麦皮壳为自然滤层，采用重力过滤器或加压过滤器将麦汁分离。分离麦汁的过程分两步：第一步是将糖化醪中的麦汁分离，这部分麦汁称为“头号麦汁”或“第一麦汁”，这个过程称为“头号麦汁过滤”；第二步是将残留在麦糟中的麦汁用热水洗出，洗出的麦汁称为“洗糟麦汁”或“第二麦汁”，这个过程称为“洗糟”。

麦汁过滤最常用的是过滤槽法。一般过滤槽结构见图 3-2，过滤槽的槽身内安装有过滤筛板、耕刀等，槽身与若干管道、阀门以及泵组成可循环的过滤系统，利用液柱静压为动力进行过滤。

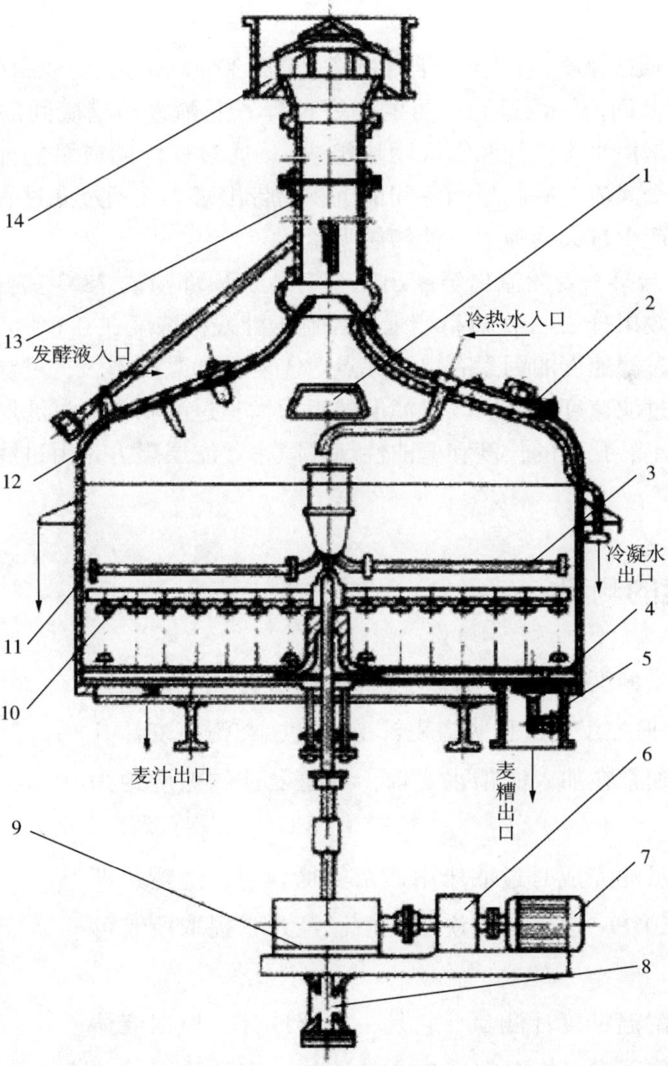

图 3-2　过滤槽结构

1—人孔单拉门　2—人孔双拉门　3—喷水管　4—滤板　5—出槽门　6—变速箱　7—电机
8—油压缸　9—减速箱　10—耕糟装置　11—槽体　12—封头　13—排气管　14—筒形风帽

一、过滤槽法主要步骤

过滤槽麦汁过滤操作步骤主要为顶热水、进醪、静置、预过滤及回流、洗槽。

（1）顶热水　糖化终了前，先检查过滤槽的筛板是否清洗干净，铺好，压紧，关闭过滤槽风门（保温和隔氧），并检查耕刀是否在正常位置，各进出阀门是否在正常关闭状态。然后由槽底通入76~78℃的水（糖化用水），以刚没过筛板为度。其目的是排除过滤槽底与筛板之间以及麦汁管道的空气；同时对过滤槽预热，以免醪液冷却。

（2）进醪　将糖化锅的糖化醪（76~78℃）充分搅拌，尽快泵入过滤槽，以免醪液温度下降。为了避免过滤层不均匀，醪液从底部泵入，此时应使耕糟机缓慢转动，以使麦糟分布均匀。

（3）静置　通过静置，使麦糟层自然沉降，形成30~40cm的（湿法60~70cm）过滤层。

（4）预过滤及回流　预过滤的目的是去掉静置后筛板与槽底间的沉积物（开始时回流的浑浊麦汁是由水、麦汁和筛底团块组成）。通过麦汁阀或泵的开关来完成，这样在麦汁区形成一个涡流，一起把槽底间的沉积物带出来。在预过滤过程中，阀门的开启不得过大，以免产生过大的吸力，使糟层吸紧。

（5）洗槽　当第一麦汁流出至露出麦糟时，从顶部喷入78℃左右热水洗糟，喷洒热水可根据洗涤效果分2~3次进行，最后控制麦汁残糖浓度在0.8%~1.5%。

影响麦芽汁过滤速度的因素有以下几点：①麦汁的黏度越大，过滤速度越慢；②过滤层厚度越大，过滤速度越低；③过滤层的阻力大，过滤则慢。过滤层的阻力大小取决于孔道直径的大小、孔道的长度和弯曲性、孔隙率。滤层阻力是由过滤层厚度和过滤层渗透性决定的。

二、麦汁浓度的测量

我们通过测量糖度（糖在啤酒或麦汁中的百分比，以柏拉图度°P表示）来监控浸出过程头道麦汁的糖度，在清亮麦汁开始煮沸时测量；通常在加入洗槽水之前，头道麦汁的糖度约为18~20°P。

洗糟残糖指过滤完成时过滤床中残留的糖含量，洗糟残糖目标值为1.5~1.0°P，这个参数说明洗糟已经几乎提取所有可回收的糖分。

麦汁浓度用附温糖度计测量，它是一个浮球计，根据液体密度计的原理制作而成。相对密度越小的液体，密度计下沉就越深。糖度计的细杆上刻有质量百分比刻度尺，见图3-3。

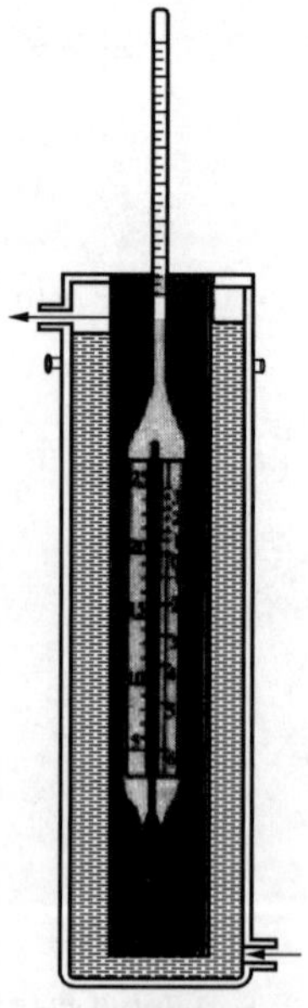

图3-3　麦汁糖度测量示意图

糖度计应该用被测麦汁清洗，不能用水或其他液体冲洗，以免麦汁浓度发生变化，尽可能得到准确的结果。同理，为了使测量筒中的麦汁温度混合均匀所用的螺旋搅拌棒也要用被测麦汁冲洗。

测量时，应该测量冷却的麦汁，取少量麦汁放在一个金属筒中，金属筒外有一个金属冷却套，在冷却时，既要保证麦汁不能被稀释，也要避免因麦汁的水分蒸发而导致的浓度上升。

测量时小心地握住糖度计的上端，缓慢放到估计值的刻度线位置，待糖度计平稳后，从麦汁液面的凸面与糖度计接触的刻度处读出细管上的显示值。然后查看糖度计下半部温度标尺对应的校正值，如图3-4所示；如果所测麦汁的温度高于20℃，要将校正值加上糖度计显示值；低于20℃时，要将糖度计显示值减去校正值。例如某次糖度计读数为11.6°P，20℃以下的校正值0.2°P，则该麦汁浓度为11.6-0.2=11.4°P，100kg该麦汁中含有11.4kg浸出物。

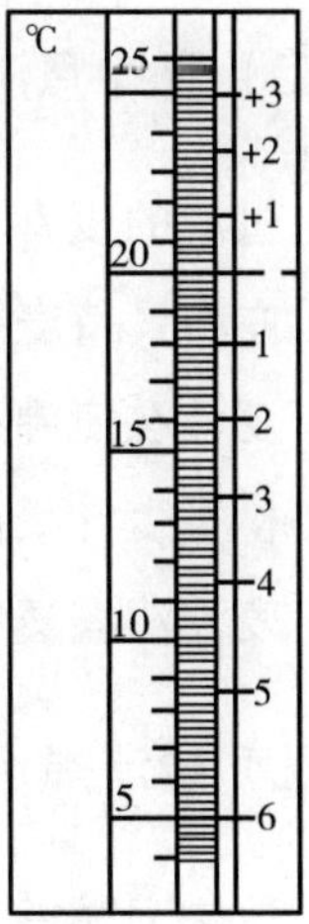

图3-4　糖度测量温度校正

第四节　麦汁煮沸与酒花添加

一、麦汁煮沸

（一）麦汁煮沸的目的和作用

1. 蒸发多余水分，使麦汁浓缩到规定的浓度。

2. 破坏全部酶的活性，稳定麦汁组分；消灭麦汁中存在的各种微生物，保证最终产品的质量。

3. 浸出酒花中的有效成分，赋予麦汁独特的苦味和香味，提高麦汁的生物和非生物稳定性。

4. 析出某些受热变性以及与多酚物质结合而絮状沉淀的蛋白质，提高啤酒的非生物稳定性。

5. 煮沸时，水中钙离子和麦芽中的磷酸盐反应，使麦汁的pH降低，有利于β-球蛋白的析出和成品啤酒pH的降低，有利于啤酒的生物和非生物稳定性的提高。

6. 让具有不良气味的碳氢化合物，如香叶烯等随水蒸气的挥发而逸出，提高麦汁质量。

（二）麦汁煮沸的方法

过滤的麦芽汁的容量超过煮沸锅加热层（管）后开始加热，使麦汁温度保持在80℃左右，待麦糟洗涤结束后，即加大蒸气量，使混合麦汁沸腾。

麦汁在煮沸过程中，必须始终保持强烈的对流状态，以使蛋白质凝固得更多些。同时要检查麦汁蛋白质凝固情况，尤其是在酒花加入后，蛋白质必须凝固良好，絮状凝固，麦汁清亮透明，达到要求后，即可停止加热，并测量麦芽汁浓度。

（三）麦汁煮沸的技术条件

1. 麦汁煮沸时间

煮沸时间是指将混合麦汁蒸发、浓缩到要求的定型麦汁浓度所需的时间。

一般来讲煮沸时间短，不利于蛋白质的凝固以及啤酒的稳定性。合理地延长煮沸时间，对蛋白质凝固、α-酸的利用及还原物质的形成是有利的。但过分地延长煮沸时间，会使麦汁色泽加深、苦味加重、泡沫不佳；超过 2h，还会使已凝固的蛋白质及其复合物被击碎进入麦汁而难以除去。

淡色啤酒（10~12°P）煮沸时间一般控制为 60~120min，浓色啤酒可适当延长一些，通常煮沸为 60~80min。

2. 煮沸强度

煮沸强度是麦汁在煮沸时，每小时蒸发水分的百分率。可按下式计算：

$$煮沸强度（\%/h）=\frac{混合麦汁量（L）-最终麦汁量（L）}{混合麦汁量（L）\times 煮沸时间（h）}\times 100$$

煮沸强度是影响蛋白质凝结的决定因素，对麦汁的透明度和可凝固性氮有显著影响。煮沸强度越大，翻腾越强烈，蛋白质凝结的机会就越多，越有利于蛋白质的变性而形成沉淀；煮沸强度一般控制在 8~10（%/h），可凝固性氮的质量浓度达 1.5~2.0 mg/100mL，即可满足酿造要求。麦芽汁煮沸强度与可凝固氮的关系见表 3-5。

煮沸强度的高低与煮沸锅的加热方式、加热面积、导热系数和蒸汽压等密切相关。要求最终麦芽汁清亮透明，蛋白质絮状凝结、颗粒大、沉淀快。

3. pH

麦汁煮沸时的 pH 通常为 5.2~5.6，最理想为 5.2。此时有利于蛋白质及其与多酚物质的凝结，但会稍稍降低酒花的利用率。

表 3-5　　麦芽汁煮沸强度与可凝固氮的关系

煮沸强度/（%/h）	麦汁煮沸后外观情况	12%麦汁的凝固性氮含量/（mg/100mL）
4~6	麦汁不够清亮，蛋白质凝结差	2~4
6~8	麦汁清亮，蛋白质凝结物呈絮状沉淀	1.8~2.5
8~10	麦汁清亮透明，蛋白质凝结物呈絮状，颗粒大，沉淀快	1.2~1.7
10~12	麦汁清亮透明，蛋白质凝结物多，颗粒大，沉淀快	0.8~1.2

二、酒花添加

（一）酒花添加的目的

1. 赋予啤酒特有的香味

这种香味来自酒花油蒸发后的存留成分。

2. 赋予啤酒爽快的苦味

这种苦味主要来自异 α-酸和 β-酸氧化后的产物等。

3. 增加啤酒的防腐能力

酒花中的 α-酸、异 α-酸和 β-酸都具有一定的防腐作用。

4. 提高啤酒的非生物稳定性

酒花的单宁、花色苷等多酚物质能与麦汁中蛋白质形成复合物而沉淀出来，有利于提高啤酒的非生物稳定性。

（二）酒花添加的方法

酒花的添加一般采用多次添加的方法。添加的原则一般为：①香型、苦型酒花并用时，先加苦型酒花、后加香型酒花；②使用同类酒花时，先加陈酒花、后加新酒花；③分几次添加酒花时，先少后多。酒花制品的添加原则与酒花添加原则大体相同。

1. 三次添加法

第一次加酒花在初沸 5~10min 后，加入总量的 20%左右，压泡，使麦汁多酚和蛋白质充分作用。

第二次加酒花在煮沸 40min 左右，加总量的 50%~60%，萃取 α-酸，促进异构化。

第三次加酒花在煮沸结束前 5~10min，加剩余量，最好是香型花，萃取酒花油。

2. 二次添加法

初沸 5~10min 后加酒花 60%，煮沸结束前 30min 左右加酒花 40%。

3. 干投法

在发酵过程的不同时间段，加入香花以赋予啤酒复杂多样的酒花香气和口味，这种干投酒花是精酿啤酒酿造中常用的一种香花添加方法，根据不同啤酒风格，干投酒花的时间节点不同。

（三）添加量

传统的酒花添加量通常以每100L麦汁或啤酒所需添加的酒花克数表示。酒花的添加量应根据酒花中的α-苦味酸含量、啤酒的类型及风格需求、啤酒发酵的方式等决定。酒花的添加量可参考表3-6。

表3-6　　不同类型啤酒的酒花添加量

啤酒类型	100L麦汁的酒花添加量/g	100L啤酒的酒花添加量/g
淡色啤酒（11%~14%）	170~340	190~380
浓色啤酒（11%~14%）	120~180	130~200
比尔森淡色啤酒（12%）	300~500	350~550
慕尼黑浓色啤酒（14%）	160~200	180~220
国产淡色啤酒（11%~12%）	160~240	180~260

1. 传统的酒花添加量

传统的酒花添加量还是以每立方米热麦芽汁添加酒花的千克数表示 。传统的酒花添加量可用下式计算：

$$酒花添加量（kg）=\frac{\alpha\text{-酸添加量（g/m}^3\text{）×麦汁体积（m}^3\text{）}}{酒花中的\alpha\text{-酸含量（g/kg）}}$$

2. 国际上多以酒花的α-酸含量以及煮沸时间来确定酒花添加量，以保证啤酒苦味值的基本稳定。

$$酒花添加量（kg）=\frac{苦味物质浓度（mg/L）×麦汁体积（L）}{酒花中的\alpha\text{-酸含量（\%）}×\alpha\text{-酸利用率}×1000}$$

例3-5：麦汁比重为1.060，使用萨兹T90颗粒（1.73% α-酸），煮沸60min，根据酒花苦味值的总利用率图查得该条件下利用率为27%，20L麦汁如果需要15IBU（苦味值国际单位），所需萨兹酒花的量为：

$$酒花添加量（kg）=\frac{苦味物质浓度（mg/L）×麦汁体积（L）}{酒花中的\alpha\text{-酸含量（\%）}×\alpha\text{-酸利用率}×1000}$$

$$酒花添加量（kg）=\frac{15（mg/L）×20（L）}{1.73×27\%×1000}=64.22$$

（四）煮沸锅利用率和苦味值

主要苦味物质异 α-酸的损失有很多原因，包括煮沸锅利用率，附着蛋白质凝固物、酵母细胞沉降，无菌过滤被去除等。

在煮沸过程中，麦汁的 pH 较高将会提高苦味物质利用率；酿酒厂的海拔偏高将会降低苦味物质利用率（沸点下降）；煮沸锅越深，其底部温度就越高，苦味物质利用率也将越高；苦味值要求较高将会降低利用率；添加的酵母越多，苦味物质利用率将越低。

1. 煮沸锅利用率

煮沸锅利用率是指被煮沸过程萃取到麦汁的 α-酸的百分数。

$$\text{煮沸锅利用率}=\frac{\text{麦汁中 }\alpha\text{-苦味酸含量}}{\text{煮沸锅中加入的 }\alpha\text{-苦味酸含量}}$$

在实际操作中，酒花中约有一半的 α-酸在煮沸过程中被萃取到麦汁中，且大部分将转变为异 α-酸，同时萃取形成的异 α-酸会随着萃取和异构化的加剧而又迅速热分解。酒花利用率随煮沸时间的相应增加，一般只持续到煮沸 1h。

2. 苦味值

没有啤酒花以及无苦味就不是啤酒，苦味值的大小用苦味单位 BU 表示。

苦味单位（BU）= 苦味物质（mg）/啤酒（L）

如果要生产 32 个苦味单位的比尔森啤酒，就要使每升比尔森啤酒中含有 32mg 苦味物质。

啤酒苦味值的高低取决于啤酒类型和品种，欧洲淡啤酒 15~40BU；英国爱尔 10~150BU；美国淡啤酒 8~15BU；美国爱尔和 IPA 20~85 BU；澳大利亚啤酒 14~18BU；德国比尔森啤酒 28~35BU。

主要的苦味物质是异 α-酸，但是注意：

1 BU≈1ppm（mg/L）异 α-酸（分析值）

苦味值（BU）：异 α-酸≠1：1

苦味物质的利用率取决于各个啤酒厂的工艺条件，一般利用率在 25%~35%。如果根据苦味值添加酒花，计算方法如下：

假设锥形发酵罐工艺的酒花的利用率为 25%；生产啤酒的苦味单位为 20BU；酒花分两次添加，第一次添加 α-酸含量为 15%的哈拉道珍味 45 型苦花，添加的苦味物质占总量的 70%；第二次添加 α-酸含量为 6%的哈拉道赫兹布鲁克 45 型香花，添加的苦味物质占总量的 30%，1BU≈ 1mg/L 异 α-酸；则总 α-酸的添加量为：

$$\text{所需苦味物质浓度}=\frac{20\text{mg/L 异 }\alpha\text{-酸}\times100\%}{25\%}=80\ (\text{mg/L})$$

第一次酒花添加量=70%×80÷15%=373（mg/L）=373（g/1000L）；

第二次酒花添加量=30%×80÷6%=400（mg/L）=400（g/1000L）；

总酒花添加量为：373+400=773（g/1000L）

如采用三次添加酒花方法，计算方法相同。

第五节　麦汁的澄清和冷却

麦汁煮沸定型后进入发酵前，还需要进行一系列的处理，包括：热凝固物分离、麦汁的冷却、麦芽汁充氧等一系列操作，麦汁处理的要求如下。

（1）降低麦汁温度，从回旋沉淀槽分离出的麦汁由95~98℃急速冷却至适合于发酵的温度，下面发酵冷却至6~10℃，上面发酵冷却至12~18℃。

（2）增加麦汁溶解氧，使溶解氧含量达到8~12mg/L，有利于酵母生长繁殖。

（3）在麦汁冷却期间会出现冷凝固物，应尽可能从麦汁中分离掉，使发酵能正常进行。

一、热凝固物的分离方法

热凝固物又称煮沸凝固物或粗凝固物。麦汁冷却开始后，在60℃以上，热凝固物仍继续析出。

大量的热凝固物如果带入发酵麦汁中，会影响酵母的正常发酵以及色泽、口味和稳定性等。麦汁中热凝固物可采用回旋沉淀槽法、离心分离法或硅藻土过滤机法等进行分离。小型精酿啤酒或自酿啤酒通常采用回旋沉淀槽沉淀分离。回旋沉淀槽结构见图3-5。

回旋沉淀槽的热凝固物分离，是用泵将煮沸后的热麦汁沿切线方向打入回旋沉淀槽，使麦汁在槽内做减速回旋运动，同时液面形成凹形抛物面，中心形成一个倒锥形漩涡区。上部液体中的颗粒在重力和离心力的作用下向外下方移动，下部液体中的颗粒在向心力的作用下向中心移动，一旦到达漩涡区，颗粒就被迅速旋入底部，与麦汁分离，麦汁回旋运动自然减速静止后，颗粒在回旋沉淀槽底部中央形成丘状沉淀物，即热凝固物。

回旋沉淀槽中的麦汁仍具备热反应条件，如美拉德反应，氨基酸的分解和糖的焦化仍会进行，在这些反应中均会形成老化物质。同时，回旋沉淀槽中挥发性物质不易蒸发，所以应相对缩短在回旋沉淀槽中的热保持时间，麦汁停留时间以30min为宜。

冷凝固物又称冷浑浊物或细凝固物，是指麦汁在60℃以下冷却时凝聚析出的浑浊物质，25~35℃时析出最多。麦汁中冷凝固物的组成（以干物质计）为：多肽45%~65%、多酚30%~45%、多糖2%~4%、灰分1%~3%。

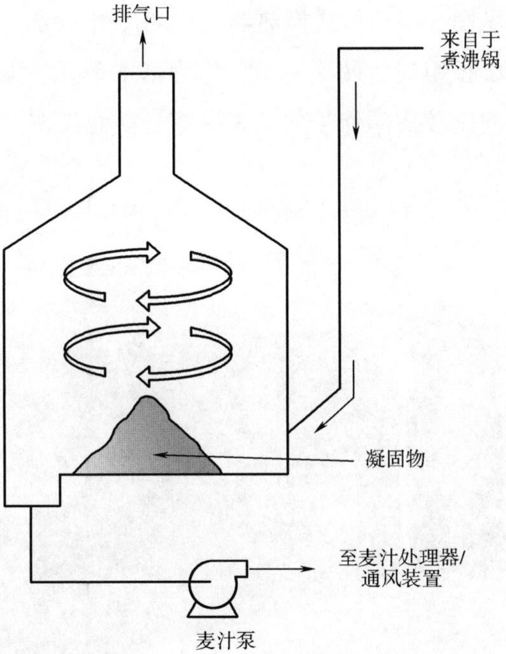

图3-5 回旋沉淀槽

一般认为，麦汁中冷凝固物会给啤酒发酵带来不良的影响，工业上冷凝固物常采用酵母繁殖罐（槽）法、锥形发酵罐分离法、浮选法、离心分离法和麦汁过滤法（可靠的凝固物分离方法）分离去除，但在精酿（自酿）啤酒中，考虑设备条件以及可操作性，不再过滤去除这部分物质，同时冷凝固物中的多肽、多酚和多糖也是啤酒泡沫以及风味的重要形成物质，实际上大部分冷凝固物最终在后发酵过程中随沉降酵母一同排出。

二、麦汁的冷却

回旋沉淀槽中的麦汁温度足以立即杀死酵母。从回旋沉淀槽出来的麦汁应被冷却到适宜温度，以供发酵。

麦汁冷却对冷却设备的基本要求有：①麦汁和冷却水流经部位要便于清洗；②密封要好，严防冷却水和麦汁的渗漏；③要有足够的冷却面积，冷却时间要短，冷凝固物析出的量多。

微型啤酒厂最常用的麦汁冷却器是板式换热器，它的换热效率很高，在实际生产中已经得到普遍应用。其优势在于：①麦汁和冷却水流经的部位容易清洗，杀菌也比较简单；②密封非常好，麦汁不易污染，冷却水和麦汁不会相互渗漏；③占地面积小，冷却效率高。

板式换热器的结构见图 3-6，板式换热器是密闭冷却设备，采用不锈钢板制作，由许多片两面带沟纹的沟纹板组成，两块一组，作为基本单元，麦汁和冷却液体交替流过这些沟纹板。沟纹板中间用胶皮圈作填料紧密贴牢，防止渗漏。

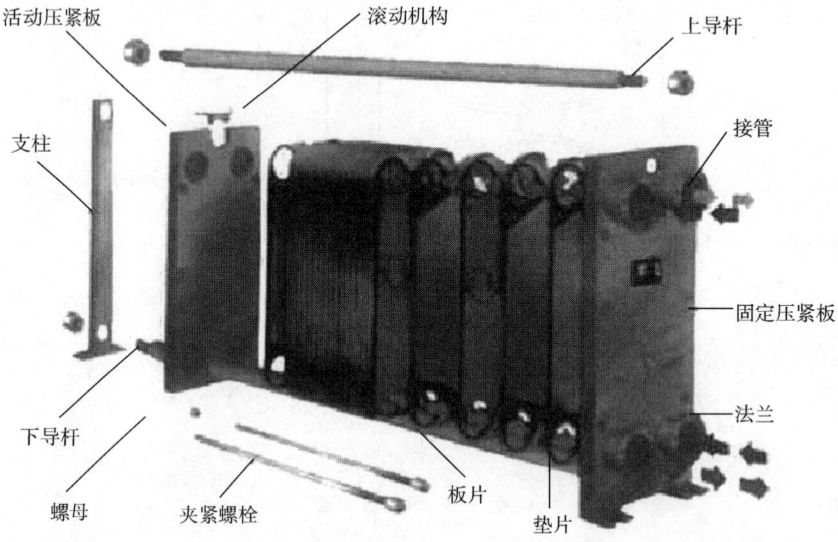

图 3-6　板式换热器的组成

板式换热器使用前，用热水清洗杀菌，并将麦汁到发酵罐的所有管道用热水冲洗杀菌。在麦汁冷却完后，用自来水冲洗板式换热器至发酵罐的管道，至水澄清为止，然后再用 80℃的热水循环 20~30min。板式换热器应定期清洗和杀菌。麦汁冷却前是已杀菌的热麦汁，通过热交换冷却到酵母接种的温度，此时其他微生物也易于生长和繁殖，因此定期清洗和杀菌是非常必要的。

三、麦汁充氧

酵母是兼性微生物，在有氧条件下生长繁殖，在无氧条件下进行酒精发酵。酵母进入发酵阶段之前，需要繁殖到一定的数量，这阶段是需氧的。因此，要将麦汁通风，使麦汁达到一定的溶解氧含量（7~10mg/L）。由于啤酒发酵是纯种培养，所以通入的空气应该先进行无菌处理，即空气过滤。

为了使氧气溶解于冷麦汁中，必须通入很细小的气泡，并以涡流形式与冷麦汁进行混合。否则，气泡过大，氧气就会从麦汁中逸出，达不到麦汁充氧的目的。因此微型啤酒厂和大型啤酒厂一般都采用文丘里管给麦汁充氧。文丘里管（图 3-7）是两端截面大，中间有缩节的管子。麦汁流过文丘里管时，由于截面减小而流速增大、压力降低，在缩节处流速最大、压力最小。在缩节处通入无菌空气时，就会被吸入麦汁中，并以微小气泡形式均匀散布于高速流动的麦汁中。一般充氧要求为 7~8mg O_2/L 麦汁。

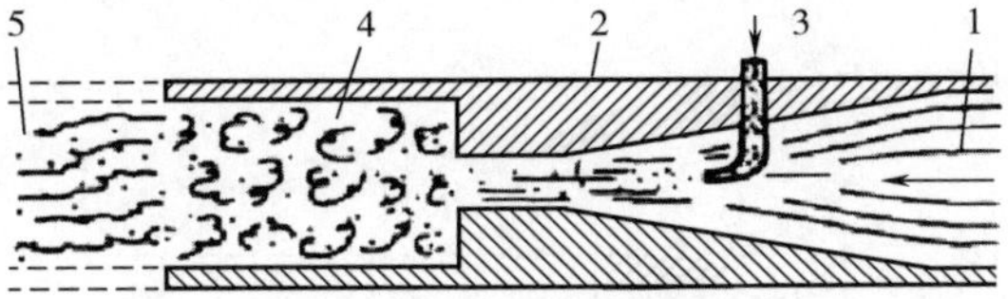

图 3-7 文丘里管结构

1—分层流体 2—管径紧缩段 3—无菌空气喷嘴 4—涡流流体 5—视镜

麦汁充氧必须在冷却过程中进行，只有温度降低至 40℃以下，氧气才会通过物理变化成为溶解氧，才有助于酵母的繁殖和发酵，并且酵母可在几小时内消耗掉提供的氧气，对麦汁质量无损害。但是，若麦汁在高温下吸氧，则容易造成麦汁氧化，导致口味缺陷。

充氧量对啤酒质量有很大的影响。若通入过多的氧气（大于 12mg/L），酵母会大量繁殖，形成的乙醇就少，酒体会出现淡薄现象；若通入的氧气过少，氧的溶解量过低（小于 6mg/L），将影响酵母的繁殖和发酵性能。

第六节 几种典型的精酿啤酒糖化设备

精酿啤酒糖化设备的特点是小型化，与工业啤酒厂设备相比，其更具有灵活性和多样性。按容器组合和生产方式的不同，大体可分为三类：一类是缩小版的啤酒厂设备，其设备原理和工艺过程与啤酒厂设备完全相同；二是改进型啤酒厂设备，融入了一些精酿啤酒设备小型化的元素；三是创意性设备，个性化强。这三类设备各有优缺点，第一类实际就是一个小型啤酒厂，相对而言，占地面积大，投资量大，但生产连续性好，设备利用率高。第二类设备适应规模较大一些的啤酒工坊，它是将啤酒厂设备中两个或多个容器融合在一个容器中，从而减少了总的容器数量，集约化程度有所提高，早期的啤酒厂设备也有类似的做法。第三类设备型式多样，占地面积小，投资量小，操作简单，适合规模较小的啤酒工坊、酒吧、餐饮店等。按容器组合方式，精酿啤酒糖化设备可分为糖化一体机、双器组合设备、三器组合设备和四器组合设备。精酿啤酒一般不采用辅料，不设糊化设备。

一、糖化一体机

糖化一体机（图 3-8）适合单批麦汁产量小于 1000L 的生产规模，一般由上、下两个腔体以及相应的泵和管道复合组成，下腔体用于糖化和煮沸，设有投料口，同时也作为麦汁煮沸时的蒸汽排出口。上腔体用于过滤和回旋沉淀。醪液搅拌可通过泵体的外循环得以实现。

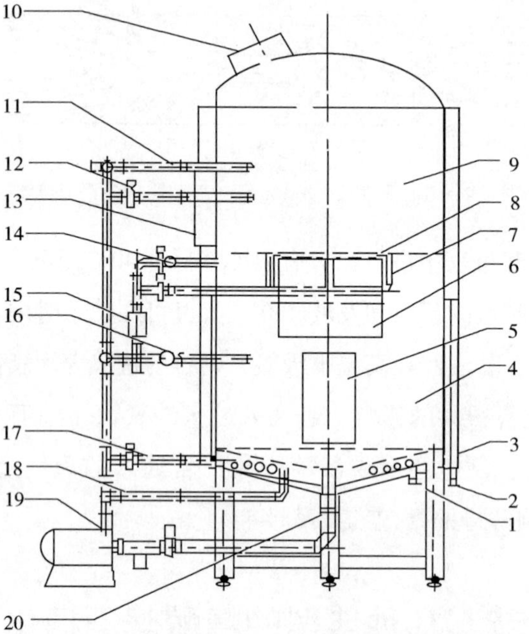

图 3-8 糖化一体机

1—冷却水进口 2—冷却水出口 3—冷却盘管 4—下腔体 5—接线箱 6—投料口 7—麦汁收集管 8—过滤筛板 9—上腔体 10—观察口 11—上腔体进料口 12— 旋沉进料管 13—除糟口 14—澄清麦汁出口 15—视镜 16—下腔体进料口 17—冷却盘管出口 18—冷却盘管进口 19—麦汁泵 20—出料（排污）口

加热方式以电加热为主，也可以设计成夹套蒸汽加热，加热功率以升温速度 1.0~1.5℃/min 为依据。

冷却方式：精酿啤酒一般采用上面发酵工艺，发酵温度较高，因此，冷却方式可利用板式换热器以冰水为冷却介质一次性将麦汁冷却至发酵温度，直接进入发酵罐，也可以以自来水为冷却介质对麦汁进行循环冷却，待麦汁温度符合后再进发酵罐，还可以通过罐体本身的夹套或盘管以自来水为冷却介质对麦汁进行循环冷却。

带耕刀、蒸汽加热糖化一体机如图 3-9 所示。上腔体用于糖化、过滤，下腔体用于煮沸、旋沉，上、下腔体均有夹套，采用蒸汽加热，上腔体耕刀兼做糖化搅拌。冷却方式与上一种糖化一体机相同。

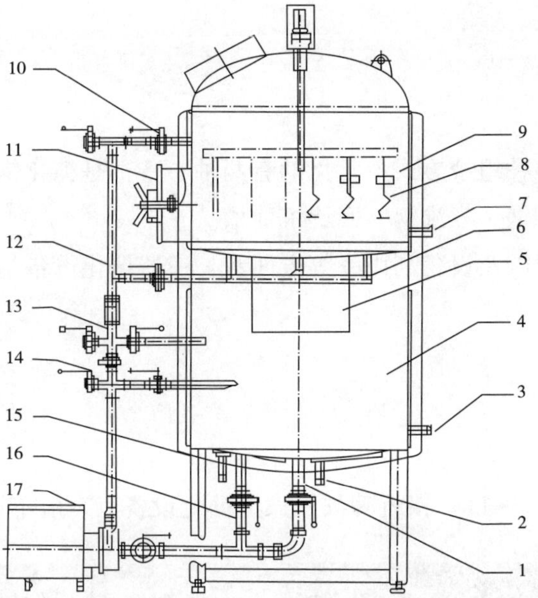

图 3-9　带耕刀、蒸汽加热糖化一体机

1—排污口　2—冷凝水出口　3—温度计口　4—下腔体　5—蒸汽排口　6—麦汁收口　7—温度计口　8—耕刀　9—上腔体　10—上腔体进料口　11—除糟口　12—过滤麦汁出口　13—上腔体进料口　14—旋沉进口　15—蒸汽进口　16—澄清麦汁出口　17—麦汁泵

二、双器糖化设备

按组合方式不同，可分为糖化过滤锅与煮沸旋沉锅、糖化煮沸锅与过滤旋沉锅两种型式。糖化煮沸锅与过滤旋沉锅这种双器组合方式的过滤旋沉锅要做成上下两腔，上腔体用于过滤，下腔体用于旋沉，这种组合实际是两器三腔结构。

双器糖化设备（图 3-10）适合单锅麦汁产量在 1.0~2.5m^3 的生产规模，加热方式以夹套蒸汽加热为主，一般不采用电加热。

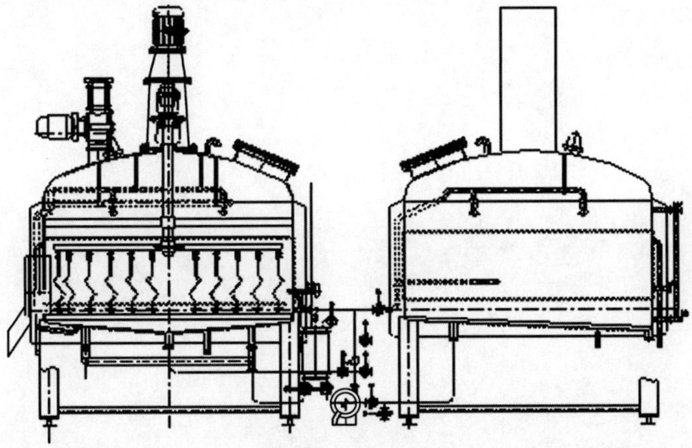

图 3-10　双器糖化设备

三、三器糖化设备

三器糖化设备有多种组合方式，常见的有两种，一种是糖化锅—过滤槽—煮沸沉淀锅；另一种是糖化过滤锅—煮沸锅—回旋沉淀槽。

从麦汁的生产过程以及设备利用率等方面看，三器糖化设备与双器糖化设备没有太大的差别。

四、四器糖化设备

四器糖化设备（图 3-11）接近啤酒厂大型糖化设备，一般不设糊化锅。

图 3-11　四器糖化设备

第四章

精酿啤酒发酵工艺及设备

第一节　啤酒发酵过程的主要物质变化
第二节　精酿啤酒发酵工艺
第三节　几种典型的精酿啤酒发酵设备

冷却的麦汁添加酵母后，便开始发酵，酵母开始在充氧的条件下，以麦汁中的氨基酸为主要氮源、以可发酵糖类为主要碳源，生长繁殖。然后在无氧的条件下，进行酒精发酵，整个啤酒发酵过程的生物化学反应是极其复杂。现将一些主要代谢产物的变化过程及其性质和作用简述如下。

在啤酒发酵过程中，绝大部分可发酵性糖类，最终分解产物为乙醇和二氧化碳。这些糖类的发酵顺序依次是：葡萄糖、果糖、蔗糖、麦芽糖、麦芽三糖。

麦汁中可发酵性糖占总糖的70%左右，其中80%以上的可发酵性糖在主发酵过程中被酵母发酵转化为酒精和二氧化碳以及其他代谢产物，只残留少量麦芽糖和麦芽三糖留待后发酵中分解。发酵副产物的主要成分有甘油、琥珀酸、高级醇（其中主要为异戊醇）、酯类（主要是乙酸乙酯）、羧基化合物（主要是乙醛、双乙酰，含量虽微，但对啤酒风味影响很大）以及其他有机酸。

第一节　啤酒发酵过程的主要物质变化

一、糖的变化

冷麦芽汁接种酵母后，酵母在有氧条件下，同化麦芽汁中的可发酵性糖获得能量，进行生长繁殖，菌体数量增加。在氧逐渐消耗完毕后，便进入无氧发酵阶段，酵母细胞把可发酵性糖转化为乙醇和 CO_2 等。发酵过程中麦汁浸出物浓度的下降称为降糖。酵母在发酵时先利用葡萄糖、果糖，再利用蔗糖、麦芽糖，最后利用麦芽三糖等难发酵的糖。

在啤酒发酵过程中，可发酵糖约有96%发酵生成主产物乙醇和 CO_2，2.0%~2.5%转化为其他发酵副产物；1.5%~2.0%作为碳骨架合成新酵母细胞。

二、含氮物质的变化

啤酒发酵中，酵母对麦汁中的蛋白质分解作用很弱，但对麦汁中的氨基酸、氨基氮、氨、短肽、嘌呤、嘧啶等可同化氮存在着复杂的同化作用。发酵初期，酵母吸收麦芽汁中可同化氮（氨基酸、二肽、三肽等）用于合成酵母细胞物质进行繁殖；发酵后期，酵母细胞特别是衰老的酵母细胞又向发酵液分泌多余的氨基酸。另外，由于pH和温度的降低，引起一些凝固性蛋白质和多酚物质复合而产生的沉淀；酵母细胞表面也吸附少量的蛋白质颗粒，这些都是麦汁中含氮量下降的原因。

在正常的发酵过程中，麦汁中含氮物质约下降 1/3，主要是约 50%的氨基酸和低分子肽为酵母所同化。酵母分泌出的含氮物质的量较少，约为酵母同化氮的 1/3。

啤酒中残存含氮物质对啤酒的风味有重要影响。含氮物质高（>450mg/L）的啤酒显得浓醇，含氮量为 300~400mg/L 的啤酒显得爽口，含氮物质量<300mg/L 的啤酒则显得寡淡。

三、高级醇

1. 高级醇类

高级醇（俗称杂醇油）是啤酒发酵代谢产物的主要成分，对啤酒风味有重大影响，超过一定含量时有明显的杂醇味。啤酒中的绝大多数高级醇是在主发酵期间酵母繁殖过程中形成的。高级醇是引起啤酒“上头”的主要成分之一。当啤酒中高级醇含量超过 120mg/L，特别是异戊醇含量超过 50mg/L，异丁醇含量超过 10mg/L 时，饮后就会出现“上头”现象。主要原因是由于高级醇在人体内的代谢速度要比乙醇慢，对人体的刺激时间长。因此，啤酒酿造人员及管理者应对此引起足够的重视，加强企业内部检测控制，密切注意市场信息反馈，并及时对菌种或工艺措施进行改良或改进。

2. 影响啤酒中高级醇形成的因素

（1）酵母菌种 粉末型酵母产高级醇水平为 69~90mg/L，絮状酵母为 22~49mg/L，高发酵度菌株形成的高级醇要多，必须选择合适的菌种。

（2）麦汁成分 麦汁中含有足量 α-氨基氮和易发酵的碳水化合物，通过合成途径形成高级醇量少（麦汁中 α-氨基氮含量以控制在 180±20mg/L 较合适），若辅料比太大，或加蔗糖多，会使麦汁中 α-氨基氮缺少，导致高级醇增加。

（3）酵母添加量 酵母添加时，以酵母处于（1.5~1.8）$\times10^7$ 个/mL 的生长时期为适宜，接种量高，新增殖的酵母细胞相对较少，有利于减少高级醇的形成。若酵母细胞繁殖多，所需氨基酸量大，易形成较多的高级醇。在实际生产中，酵母的繁殖代数一般控制在 4 代以内。

（4）发酵温度 麦汁中溶解氧过高或高温发酵都会促进酵母繁殖，也就相应增加了高级醇的生成量，故可采用低温前发酵、高温还原双乙酰的措施。加压发酵也有利于减少高级醇的生成。

（5）发酵方式 采用联合罐发酵（前酵使用锥形罐，后酵在传统发酵罐中进行），高级醇总量相对于普通发酵方法会增加 20%~25%。不管采取怎样的方法，所有加速主发酵的措施都将增加高级醇的含量。

四、酯类化合物

酯类化合物包括乙酸乙酯、乙酸甲酯、乳酸乙酯、乙酸异戊酯等，这些化合物是构成啤酒香气的主要成分。酯类大都在主发酵期间形成，上面发酵啤酒中，酯的含量约为0.5~80mg/L，在下面发酵啤酒中可达0.5~60mg/L。啤酒中的酯含量虽然很少，但对啤酒风味影响很大，啤酒含有适量的酯，香味丰满协调，但酯含量过高，会使啤酒有不愉快的香味或异香味。酯在啤酒中的含量主要取决于原麦汁浓度和啤酒品种，啤酒中酯含量的因素还取决于以下几点。

（1）酵母菌种　不同菌种的酯酶活性差异很大。上面发酵酵母较下面酵母产酯多，小麦啤酒大多利用上面酵母进行发酵，啤酒中的酯香味非常浓郁，形成一种独特的风味，很受人欢迎。

（2）发酵温度　高温发酵有利于酯类的形成，发酵温度由12.5℃提高到25℃，乙酸乙酯的浓度增加60%，乙酸异戊酯增加30%。

（3）发酵压力　酯含量随发酵压力的升高而增加。因为罐的升高而产生较高的液体静压力及CO_2的增加，酯的含量与发酵罐的高度也有关系。

（4）麦汁成分　麦汁中氨基酸与可发酵性糖含量比例影响着酯的形成。氨基酸含量高，可促进酯形成；可发酵性糖含量高，会抑制酵母活性，相应减少酯的形成。

（5）工艺措施　所有加速酵母繁殖的措施都会促进酯的形成，如强烈通风、减少酵母添加量等。

（6）贮酒时间　长期贮酒能够促进酯的形成，但其量甚微。

五、连二酮及其双乙酰

连二酮是双乙酰和2，3-戊二酮的总称，其中对啤酒风味起主要作用的是双乙酰。双乙酰被认为是衡量啤酒成熟与否的决定性的指标，双乙酰的嗅味阈值为0.1~0.15mg/L，在啤酒中超过阈值会出现馊饭味。淡爽型成品啤酒，双乙酰含量以控制在0.1mg/L以下为宜；高档成品啤酒最好控制在0.05mg/L以下。

双乙酰是在主发酵时期由α-乙酰乳酸氧化产生，同时，双乙酰在还原酶作用下还原形成2，3-丁二酮，因此要降低啤酒中双乙酰含量，应加快主发酵期间从α-乙酰乳酸到双乙酰的反应速度。否则，当后发酵酵母浓度降低时，便会有大量的双乙酰积累；此外，要进一步降低双乙酰含量，就必须延长贮酒时间。降低双乙酰的主要措施还有以下几种。

（1）提高麦汁中缬氨酸的含量　通过反馈作用，抑制从丙酮酸合成缬氨酸的支路代谢作用。一般12°P的麦汁，α-氨基酸的含量应控制在180mg/L以上，或者每1%浸出物中含有 20mg/L 的 α-氨基酸。

（2）加速 α-乙酰乳酸的分解速度　主要包括以下几点。

①提高发酵温度：α-乙酰乳酸的非酶分解和双乙酰的酶还原作用都与温度有关，温度越高，反应越快。

②降低接种麦汁的 pH：接种麦汁的 pH 降低至 4.4 左右，并不影响发酵速度，但在低 pH 下，双乙酰及其前体物质的浓度均有所降低，其原因是一方面 α-乙酰乳酸的生成量减少，另一方面从 α-乙酰乳酸转变为双乙酰的速度加快。

③利用酵母还原双乙酰：主发酵结束前适当保持较高的发酵温度，或者进行后发酵，利用酵母的还原酶，将双乙酰还原为乙偶姻或 2，3-丁二醇。

④利用二氧化碳洗涤：排除双乙酰下酒后，利用后发酵产生的二氧化碳或人工充二氧化碳进行洗涤，可将挥发性的双乙酰带走。

六、乙醛

乙醛是啤酒发酵过程中产生的主要醛类，也是啤酒中含量最高的醛类。它是酵母进行乙醇发酵的中间产物，是由丙酮酸脱羧形成的。

乙醛在主发酵前期大量形成，而后很快下降。下面发酵至发酵度为 35%～60%时，上面发酵至发酵度为 10%时，乙醛含量最高。乙醛的阈值为 10mg/L，当乙醛含量超过界限值 10mg/L 时，给人以不愉快的粗糙苦味，含量过高，有一种辛辣的腐烂青草味。成熟啤酒的正常含量一般小于 10mg/L，优质啤酒乙醛含量一般在 1.5～2.5mg/L。

未成熟的啤酒，乙醛与双乙酰及硫化氢并存，构成了嫩啤酒固有的生青味。发酵温度、发酵压力、麦汁 pH、酵母接种量都与乙醛的形成量有关。

（1）温度越高，乙醛生成量越低。

（2）发酵压力越高，乙醛形成量越高。

（3）麦汁 pH 越高，乙醛形成量越高。

（4）酵母接种量增加，乙醛形成量随之增高。

所以在发酵后期，应适当调节发酵温度和压力，使乙醛含量达到正常水平。

七、硫化物

挥发性硫化物对啤酒风味有重大影响，这些成分主要有硫化氢、二甲基硫、甲基和乙基硫醇、二氧化硫等。其中硫化氢、二甲基硫对啤酒风味的影响最大。啤酒中的挥发性硫化氢大都是在发酵过程中形成的。啤酒中的硫化氢应控制在 0～10μg/L；啤酒中二甲基硫浓度超过 100μg/L 时，啤酒就会出现硫黄臭味。

八、苦味物质

发酵过程中，麦汁中近 1/3 的苦味物质会损失掉。主要是由酵母细胞的吸附、发酵时间延长等原因造成的。

九、 pH

麦汁发酵后，pH 降低很快。下面发酵啤酒，发酵终了时，pH 一般为 4.2~4.4。pH 下降主要是由于有机酸的形成，同时也由于磷酸盐缓冲溶液的减少。

第二节 精酿啤酒发酵工艺

一、传统下面发酵

啤酒发酵方法有上面发酵法和下面发酵法两种方法，传统发酵一般都采用下面发酵法，发酵过程一般分为两个阶段：主发酵和后发酵（贮酒），主发酵一般在密闭或敞口的主发酵池（槽）中进行，后发酵在密闭的卧式发酵罐或者立式发酵罐内进行。

传统下面发酵的工艺特点是：主发酵温度比较低，发酵进程缓慢，发酵代谢副产物较少；主发酵结束时，大部分酵母沉降在发酵容器底部；后发酵和贮酒期较长，酒液澄清良好，二氧化碳饱和稳定，酒的泡沫细微，风味柔和，保存期较长。

（一）主发酵

主发酵又称前酵。麦汁冷却至接种温度，加入酵母，通入无菌空气，酵母繁殖，细胞数量增加，待麦汁表面形成一层泡沫时，进行厌氧发酵。温度升至发酵的最高温度，进行冷却，先维持最高温度，达到一定发酵度后，控制发酵温度逐步回落，待大部分酵母沉降槽底，将发酵液送至贮酒罐进行后发酵。

1. 主发酵过程及特点

主发酵阶段酵母代谢旺盛，大量可发酵性物质被快速转换，代谢产物主要也在此阶段形成。主发酵阶段一般分为酵母繁殖期、起泡期、高泡期、落泡期和泡盖形成期。

（1）酵母繁殖期　麦芽汁添加酵母 8~16h 以后，液面上出现二氧化碳小气泡，逐渐形成白色、乳脂状的泡沫，酵母繁殖 20h 以后立即进入主发酵池（罐），与增殖槽底部沉淀的杂质分离。

（2）起泡期　入主发酵池 4~5h 后，在麦汁表面逐渐出现更多的泡沫，由四周渐渐向中间扩散，泡沫洁白细腻，厚而紧密，如花菜状，发酵液中有二氧化碳小气泡上涌，并将一些析出物带至液面。此时发酵液温度每天上升 0.5~0.8℃，每天降糖 0.3~0.5°P，维持时间 1~2d，不需人工降温。

（3）高泡期　发酵后 2~3d，泡沫增高，形成隆起，高达 25~30cm，并因发酵液内酒花树脂和蛋白质-单宁复合物开始析出而逐渐变为棕黄色，此时为发酵旺盛期，需要人工降温，但是不能太剧烈，以免酵母过早沉淀，影响发酵。高泡期一般维持 2~3d，每天降糖 1.5°P 左右。

（4）落泡期　发酵 5d 以后，发酵力逐渐减弱，二氧化碳气泡减少，泡沫回缩，酒内析出物增加，泡沫变为棕褐色。此时应控制发酵液温度每天下降 0.5℃左右，每天降糖 0.5~0.8°P，落泡期维持 2d 左右。

（5）泡盖形成期　发酵 7~8d 后，泡沫回缩，形成泡盖，应及时撇去泡盖，以防沉入发酵液内。此时应大幅度降温，使酵母沉淀。此阶段可发酵性糖已大部分分解，每天降糖 0.2~0.4°P。

2. 主发酵技术条件

传统下面发酵中，必须控制必要的发酵条件，主发酵技术条件见表 4-1。

表 4-1　传统下面发酵法的主发酵技术条件

项　目	技术条件
发酵室温/℃	5~6
冷麦汁 pH	5.2~5.6
冷麦汁溶解氧含量/（mg/L）	8 左右
接种温度/℃	5~7
酵母添加量/%	0.4~0.6 泥状酵母
酵母浓度/（细胞数/mL）	（1.0~1.5）$\times 10^7$
酵母使用代数	不超过 7 代
酵母增殖时间/h	20 左右
发酵过程中酵母最高浓度/（细胞数/mL）	（5~7）$\times 10^7$
主发酵最高温度/℃	7.5~9.0
冷却水温/℃	0.5~1.5
降糖量/（°P /d）	
起泡期	0.3~0.5
高泡期	1.5 左右
落泡期	0.5~0.8

续表

项　目	技术条件
泡盖形成期	0.2~0.4
发酵终了温度/℃	4~5
主发酵时间/d	8~10 3~5（添加高泡酒）
下酒时外观发酵度与最终发酵度之差/%	约10%（不加高泡酒） 20%~25%的高泡酒10%左右
下酒酵母浓度/（细胞数/mL）	（5~10）× 10^5（添加高泡酒） （10~15）× 10^6（不加高泡酒）
主发酵终了时的pH	4.2~4.4
发酵室、酵母室空气	无菌过滤
嫩啤酒生物稳定性（25℃保温无杂菌生长）/d	3~5

（二）后发酵和贮酒期

麦汁经主发酵后的发酵液称为嫩啤酒（green beer），又称为新啤酒。此时酒的二氧化碳含量不足，双乙酰、乙醛、硫化氢等挥发性风味物质尚未降至合理程度，酒液口感不成熟，不适于饮用；大量的悬浮酵母和凝结析出的物质尚未完全沉淀下来，酒液不够澄清，一般还需数周或数月的后发酵和贮酒期。啤酒的成熟和澄清均在后发酵和贮酒期内完成。

1. 后发酵的主要作用

（1）使残糖继续发酵　主发酵结束后，发酵液中尚含有0.8%~1.0%的可发酵糖（主要是麦芽糖和麦芽三糖）和一定数量酵母。在后发酵过程中，酵母菌将这些残留糖分继续发酵，产生酒精和 CO_2，使酒的甜味和不成熟味减少，同时也提高了啤酒的稳定性。

（2）使酒液饱和 CO_2　啤酒的后发酵是在密闭的发酵中进行的，产生的 CO_2 使罐内形成了压力，加上后发酵又在低温下进行，在后发酵过程中酒液逐渐饱和了 CO_2。

（3）促进酒液成熟　后发酵初期，先进行短时间非密闭发酵，所产生的 CO_2 通过酒液逸散出来，将酒内所含的一些形成生酒味的挥发性物质如双乙酰、硫化氢、乙醛等带出，减少啤酒的不成熟气味，使酒液逐渐成熟。

（4）促进酒液澄清　悬浮的酵母细胞、大量的蛋白质冷凝固物和少量的酒花树脂，在较长时间的后发酵过程中，在低温和低pH的条件下，缓慢沉淀下来，使酒液逐渐澄清。

（5）促进蛋白质-多酚复合物的析出。

（6）降低氧含量，使酒液处于还原状态。

2. 后发酵工艺要求

啤酒后发酵是在密闭状态下进行的，应严格防止与空气接触，减少氧的含量，使酒液处于还原状态，以免啤酒在日后发生氧化浑浊。

（1）下酒　将嫩啤酒输送到贮酒罐的操作称为下酒。下酒多用下面下酒法，即发酵液由已灭菌的贮酒罐下部出口处送入，入罐后，液面上应留出 10~15cm 空距，有利于排除液面上的空气，尽量减少与氧的接触。

（2）密封升压　下酒满罐后，正常情况下敞口发酵 2~3d，以排除啤酒中的生青味物质。以后封罐，罐内二氧化碳气压逐步上升，压力达到 50~80kPa 时维持压力，让酒中的二氧化碳逐步饱和。

（3）温度控制　后发酵多为先高后低的贮酒温度。前期控制 3~5℃，而后逐步降温至-1~1℃，降温速度视啤酒的不同类型而定。有些新工艺，前期温度控制范围很大（3~13℃），以保持一定的高温尽快还原双乙酰，促进啤酒成熟。

（4）后发酵时间　淡色啤酒一般贮酒时间较长，浓色啤酒贮酒时间较短；原麦汁浓度高的啤酒较浓度低的啤酒贮酒时间长；低温贮酒较高温贮酒的贮酒时间长。一般国内啤酒生产的贮酒时间参见表 4-2。

表 4-2　一般国内啤酒生产贮酒时间

啤酒种类	原麦汁浓度/°P	贮酒时间/d	啤酒种类	原麦汁浓度/°P	贮酒时间/d
鲜啤酒	10~12	30~40	黑鲜啤酒	13~15	40~50
熟啤酒	11~14	50~75	黑啤酒	13~18	75~90
出口啤酒	12~14	75~90	出口黑啤酒	16~18	75~100

（三）发酵过程控制

在发酵期间，为了在最短的时间内达到要求的发酵度和代谢产物，进行必要工艺控制，控制的重点是温度、浓度和时间，同时还要兼顾产品种类、酵母菌种、麦汁成分等诸多因素。

1. 温度的控制（以下面发酵为例）

（1）接种温度　下面发酵的接种温度一般控制在 5~8℃。

（2）发酵最高温度　低温发酵的最高温度控制在 7.5~9.0℃，高温发酵的最高温度控制在 10~13℃。

2. 浓度的控制

在一定的酵母菌种和麦汁成分条件下，浓度的控制是由调节发酵温度和发酵时间来控制的，如果发酵旺盛，降糖快，则适当降低发酵最高温度，缩短最高温度的保持时间；反之，则需延长最高温度的保持时间，或采取缓慢降温的办法，以促进降糖。

3. 时间的控制

在麦汁成分、酵母活性稳定的条件下，发酵时间主要取决于发酵温度的变化，发酵温度高，则发酵时间短；发酵温度低，则发酵时间长。上面发酵温度较高，双乙酰还原较快，主发酵时间一般控制在4~6d，而下面发酵的主发酵时间一般控制在7~12d。

低温缓慢发酵的啤酒，泡沫洁白细腻，挂杯持久，口味柔和醇厚，但设备利用率较低。我们可以采取以下措施来缩短发酵时间。

（1）缩短酵母繁殖期　改变接种方法，排除酵母生长延滞期；加大酵母量，减少繁殖期，使麦汁接种后很快进入主发酵。

（2）提高主发酵温度　采取加压发酵提高主发酵温度，可以加速酵母的繁殖和代谢，这是缩短发酵周期有利的方面。

但应注意，温度提高后，酵母的代谢作用发生变化，将产生大量的酯类化合物、高级醇类化合物等挥发性物质，影响啤酒风味。如果在提高温度的同时，适当增加发酵压力，对麦汁的发酵度影响不大，但是可以大大抑制酵母的繁殖，抑制酵母对氨基酸和糖类的同化作用，从而减少上述挥发性物质的产生，如果将提高发酵温度和加压发酵结合起来，可以有效达到既缩短发酵周期，又不影响啤酒风味的目的。

4. 双乙酰的控制

一定发酵时间后，检测双乙酰含量，一般不超过0.08mg/L，小于该数值则开始降温，大于该数值，则延长时间，待双乙酰降至极限值时开始降温。

5. 乙醛的控制

延长低温贮存后熟时间。

二、啤酒企业常见的发酵工艺

目前，我国多数啤酒企业都采用了锥形发酵罐进行主发酵和后发酵。

（一）一罐法

整个发酵过程在一个锥形罐中进行，即为“一罐法”。企业因为季节或产品质量的因素，在一罐的基础上又采用了两种工艺——低温发酵和高温发酵。

一罐法的工艺优点是：操作简单，温度、压力和液位可以很方便地进行自动控制，回收酵母比较方便，清洗消耗少，酒损低。缺点是：由于酒液对流强烈，许多本应分离的杂质不能排出而溶于酒中，且罐的利用率不高。

1. 低温发酵工艺

低温发酵工艺在我国使用较为普遍，它比较适宜于使用传统工艺的酵母进行锥形罐发酵。发酵温度为 9～10℃，当外观发酵度达到 50%～55%时，使罐压升到 0.07～0.10MPa，以加速还原双乙酰。当双乙酰含量达到工艺要求含量时，降温至冷贮。

2. 高温发酵工艺

为了提高设备利用率，在质量不变的前提下，啤酒必须在尽可能短的时间内发酵和成熟，所以高温快速发酵法被企业普遍应用。发酵温度为 14～17℃，直到双乙酰还原到工艺要求含量，然后降温至贮酒温度。发酵周期长的为 18～21d，短的仅为 12～15d，设备利用率大大提高，生产成本下降显著。

（二）两罐法

主发酵和后发酵分别在主发酵罐和后贮罐中进行，因此称为“两罐法”。发酵温度为 9～10℃，而后可升温还原双乙酰，当双乙酰还原到工艺要求含量时，排放酵母，进行倒罐操作，倒罐过程中经过薄板冷却器将酒液温度降至冷贮温度。

两罐法的优点是：后发酵罐内酵母数已不多，经后贮，酵母沉淀较完全，酒液较澄清，过滤性能良好，罐的使用率高。

两罐法的缺点是：倒罐时易混入氧气，操作时要十分小心，否则会影响啤酒质量。

（三）锥形罐和卧罐相结合的方法

该方法的特点是，主发酵在锥形罐中进行，低温进行主发酵，后采用较高的温度还原双乙酰，主发酵工艺与一罐法基本相同。而后熟和后贮则在卧罐中进行，在后发酵罐中进行冷贮。因为啤酒后贮对啤酒质量有着特殊的意义，有些企业采用这种工艺作为优质啤酒的生产方法。

三、现代啤酒发酵工艺

现代啤酒发酵工艺大大缩短了传统的主发酵和低温后贮时间，同时又不会明显地影响啤酒质量。发酵工艺的改进主要基于两个原因：对啤酒发酵和后熟的新认识，双乙酰生成量低，并能快速还原；缩短啤酒生产周期，降低生产成本，并使大罐啤酒质量均一。

由此，人们将传统发酵的两个工艺环节——主发酵和后发酵划分为三个工艺环节，即发酵、后熟和冷贮。同传统的卧式贮酒罐相比，锥形发酵罐工艺发展迅速，但发酵工艺大同小异。根据阶段温度控制的不同分为以下几种发酵工艺。

（1）低温发酵-低温后熟工艺　发酵最高温度为 10℃，达到最终发酵度后并不冷却降温，而是保持原发酵温度，直到双乙酰降至工艺要求含量后降温至 0℃贮酒。达到最终发酵度后即排放酵母。

（2）低温发酵-高温后熟工艺　高温发酵总会带来更多发酵风味物质。低温发酵-高温后熟的优点在于形成的发酵风味物质相对较少，有些不受欢迎的发酵风味物质可在高温后熟过程中得到很好的分解。发酵最高温度为 9~10℃，当发酵度达到 50%左右后关闭冷却装置，使温度升至 12~13℃进行双乙酰还原的后熟阶段，结束后降温至 0℃进行冷贮。

（3）高温发酵-高温后熟工艺　为了加速发酵和后熟，人们往往采用高温发酵-高温后熟工艺。高温是相对接种温度而言的，最高发酵温度为 14℃，一直维持到双乙酰还原完成，然后降温至 0℃贮酒。此工艺优点是：可较快达到最终发酵度；双乙酰分解快。啤酒发酵周期短，出酒快。

（4）带压发酵工艺　带压发酵是现在缩短生产周期最常用的方法之一，发酵温度的升高不可避免地会导致某些不受欢迎的发酵风味物质含量上升，从而影响产品质量。有些观点认为，高温发酵所造成的不利影响可通过施加压力的方法加以克服。带压发酵不仅限制高级醇的形成，同时也会抑制某些酯的合成。

带压发酵温度一般为 10~14℃，保持此温度直到双乙酰还原完毕。当表观发酵度达到 50%~55%时，使压力上升至规定压力。此压力一直保持至后熟阶段结束。

四、啤酒发酵常用术语

1. 原麦汁浓度

原麦汁浓度是指原麦汁中含有的浸出物的质量百分比，单位：°P。

2. 相对密度

某物质的相对密度是该物质（完全密实状态）的密度，与在标准大气压 3.98℃时纯 H_2O 的密度（999.972kg/m^3）的比值。

起始相对密度（OG）：Origin Gravity。

终点相对密度（FG）：Final Gravity。

（1）相对密度与原麦汁浓度间的关系

①简单的经验换算公式

相对密度=1+0.004×麦汁浓度（°P）

例如：12°P 麦汁相对密度=1+12×0.004=1.048

②精确的实验换算公式

麦汁浓度（°P）=（−668.962）+（1262.45×OG）−776.43×OG^2+182.94×OG^3

例如：麦汁浓度（°P）=（−668.962）+（1262.45×1.048）−776.43×1.048^2+182.94×1.048^3=11.897498≈11.9°P

3. 酒精度

酒精度表示啤酒中乙醇的体积分数，通常是以 20℃时的体积分数表示的，如 4%（体积分数）的酒，表示在 100mL 的啤酒中，含有乙醇 4mL（20℃）。

ABV：Alcohol by volume　　ABW：Alcohol by weight

1%ABV = 0.789%ABW　　1%ABW = 1.267%ABV

例如：4.8%ABV = 4.8×0.789%ABW；4.8%ABV = 3.7872%ABW ≈ 3.8%ABW

5%ABW = 5×1.267%ABV；5%ABW = 6.335%ABV ≈ 6.3%ABV

酒精度的经验换算公式：

$$(OG-FG)/0.00753 = ABV\ (\%)$$

例如：（1.048-1.012）/0.00753 = 0.036/0.00753 = 4.7808764ABV（%）

ABV ≈ 4.8%

4. 苦味值（IBU）

苦味值表示单位体积啤酒中苦味物质的含量，1 个苦味值为 1L 酒液内含有 1mg 苦味物质，单位为 mg/L（传统配方）。

5. 酒花添加量（g）= V×BU×7.5/（U×AA%×7462）

式中，V——嫩啤酒目标体积，L

BU——目标苦味值

U——煮沸时间对应的酒花利用百分率

AA%——酒花的 α-酸含量

7462——估算常数

例如，100L 的啤酒，目标苦味值 40BU，酒花品种 α-酸含量 4.5%，煮沸 60min 情况下，α-酸利用率为 30%。

酒花的添加量 = 100×40×7.5/（30%×4.5%×7462）= 298g

6. 色度

SRM 是美国酿造化学家协会制定的标准参考方法（Standard Reference Method）的英文缩写，通常应用于表示啤酒色度；Lovibond（°L）值通常用于表示麦芽色度。在标准实验室条件下，1°L 色度的麦芽酿造而成 1SRM 色度的啤酒。在欧洲，麦芽和啤酒通常用同一单位表示，EBC。

（1）啤酒色度（SRM）与麦芽色度（°L）经验公式

$$SRM = (°L_1 \times Lb_1 + °L_2 \times Lb_2 + \cdots + °L_n \times Lb_n) \times 8.3/V$$

式中，$°L_1$、$°L_2 \cdots °L_n$——配料单内各麦芽的 Lovibond 色度值

Lb_1、$Lb_2 \cdots Lb_n$——配料单内各麦芽的质量，kg

V——根据配料单麦芽酿造成嫩啤酒的体积，L

例如，1 个 100L Altbier，配料单中麦芽由 11.25kg 色度 6°L 的麦芽和 3.76kg 色度 17.45°L 的麦芽构成。

$$SRM=(6\times11.25+3.76\times17.45)\times8.3/100=11.0483\approx11.0°L$$

（2）SRM 和 EBC 的经验换算公式

$$y\text{SRM}=[(y\times2.65)-1.2]\text{EBC}$$

$$x\text{EBC}=[(x\times0.375)+0.46]\text{SRM}$$

例如，$11.2\text{SRM}=[(11.2\times2.65)-1.2]\text{EBC}=28.48\text{EBC}\approx28.5\text{EBC}$

$28.5\text{EBC}=[(28.5\times0.375)+0.46]\text{EBC}=11.147\text{SRM}\approx11.15\text{SRM}$

11.2SRM 和 11.15SRM 间的差异主要是由于四舍五入累积所致。

7. 表观浓度

表观浓度是生产过程中常用语之一，是指用糖度计直接测量发酵液或啤酒中的浓度，由于发酵液中含有酒精，降低了发酵液密度，因此，其数值要比实际浓度低，实际浓度为发酵液蒸馏出酒精后再测定的浓度。

外观浓度的英文名称为 appearance gravity，实际浓度的英文名为 real gravity。

由于发酵过程中，酒精含量处于不断的变化过程中，所以，两者之间尚无换算方法。

8. 发酵度

发酵度是指酵母对各种糖类的利用程度，实际反映可发酵糖浓度的变化。因此，简单来讲，采用表观糖度计算而得到的为表观发酵度，而用实际糖度计算的为实际发酵度(又称真正发酵度)。

表观发酵度=（原麦汁浓度-表观浓度）/原麦汁浓度×100%

实际发酵度=（原麦汁浓度-实际浓度）/原麦汁浓度×100%

为了得到真正发酵度，必须在实验室把啤酒中的酒精蒸馏出去，而蒸馏出去的量再用水来补充。

第三节　几种典型的精酿啤酒发酵设备

精酿啤酒发酵设备有独立制冷发酵罐和集中制冷发酵罐两种型式，对单罐产量小于 2.0m^3 的发酵罐采用独立制冷方式比较合理，效果也较好，既节省投资又减少占地面积，能耗也小。

一、独立制冷发酵罐

独立制冷发酵罐（图 4-1）是指每个发酵罐都自带一套制冷系统，内胆外壁缠绕铜管，铜管内走制冷剂，通过内胆对罐内发酵液进行降温。

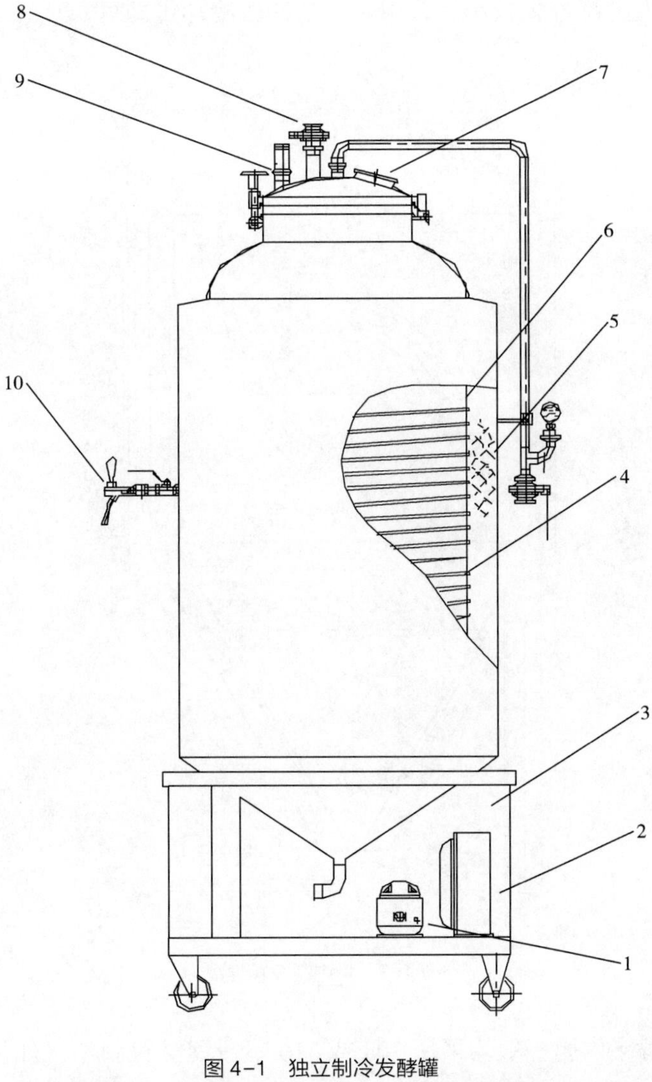

图 4-1 独立制冷发酵罐

1—制冷压缩机 2—风机 3—底座 4—铜管 5—保温层 6—内胆
7—视镜 8—干投口 9—呼吸阀 10—取样阀（酒阀）

罐顶封头上有视镜、呼吸阀、洗涤管、干投口、压力表等附件，罐体带有一套控制系统，通过设定，可以对发酵温度进行自动控制。

二、集中制冷发酵罐

集中制冷发酵罐（图 4-2）与啤酒厂露天发酵罐没有本质的区别，发酵罐内胆外壁焊接冷却夹套，夹套内通入冷媒对罐内发酵液进行降温。一般需设置一个冷媒罐和一台制冷机，通过制冷机将冷媒罐中的冷媒温度降至-3～-2℃，再用冷媒泵送入各个发酵罐，因精酿啤酒发酵罐容积较小，采用一段或两段冷却带即可。

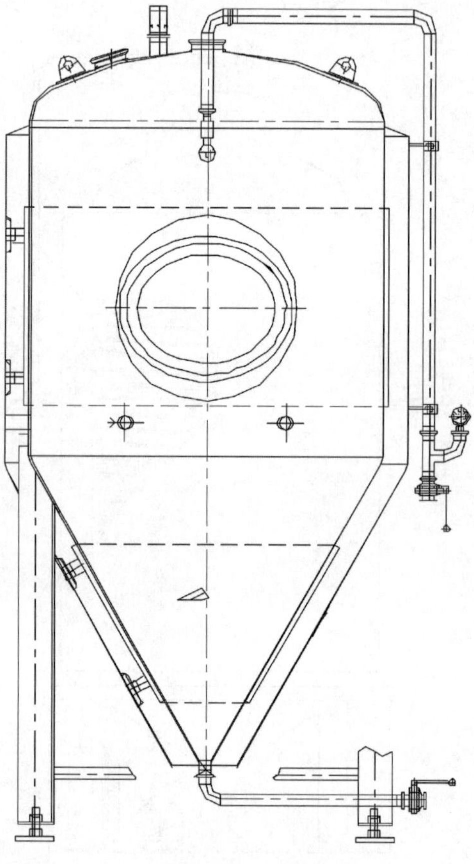

图 4-2　集中制冷发酵罐

精酿啤酒发酵罐内胆一般均采用 304 或 316 不锈钢材料制作，外包层可采用 201 不锈钢材料制作，对 $10m^3$ 以上的发酵罐内胆也可以采用碳钢内涂防腐层的方式制作。

发酵罐直径与筒体高度比一般控制在 1∶(1.5～2.2)，下锥角度在 60°～80°均可，对排放酵母没有太大的影响。

第五章

精酿啤酒过滤和灌装

第一节　啤酒过滤
第二节　啤酒灌装
第三节　啤酒包装

第一节　啤酒过滤

一、啤酒过滤的目的和原理

发酵结束的成熟啤酒中，仍有少量物质悬浮于酒中，必须经过澄清处理才能进行灌装。过滤是啤酒澄清方法的一种，目的是除去酒中悬浮的固体微粒，改善啤酒外观，使啤酒澄清透明，富有光泽。

啤酒过滤的原理是通过过滤介质的筛分作用、深层效应和吸附作用等使啤酒中的悬浮微粒等大颗粒固形物被分离出来。目前国内外较多采用硅藻土过滤法。此法的最大优点是过滤效率特别高，甚至很浑浊的酒也能过滤，且酒质透明。硅藻土作为粗滤，再用板框式过滤或微孔薄膜过滤制无菌啤酒是当前的一种发展趋势。

啤酒经过滤会发生以下变化：色度降低，苦味质减少，二氧化碳含量下降，含氧量增加，浓度也会有些变化，对啤酒的质量有一定影响。

二、常用过滤方法简介

啤酒过滤的方法有棉饼过滤、硅藻土过滤、微孔薄膜过滤等。其中棉饼过滤法是最古老的过滤方法，已被淘汰，目前使用最普遍的是硅藻土过滤法。

（一）棉饼过滤方法

棉饼（过滤）是一种精制木浆添加1%~5%的石棉组成的，19世纪末用于酿造业。由于滤棉具有很多缺点，从20世纪30年代后，逐渐被硅藻土法所取代。

滤棉的质量要求中，最重要的是水溶物含量不能过高，因为它将直接溶于酒液中。

（二）硅藻土过滤方法

硅藻土是硅藻的化石，一种较纯的二氧化硅矿石，可作绝缘材料、清洁剂和过滤介质。天然硅藻土含有各种可溶性无机物和有机杂质，须经800~1100℃烧炼去除或变成不溶性盐后，再粉碎分级。

硅藻土过滤常用的设备有板框式硅藻土过滤机、叶片式硅藻土过滤机等。操作时，一般先进行硅藻土预涂，再进行过滤。在过滤时不断添加硅藻土起到连续更换滤层的作用，以保证过滤的快速进行。硅藻土过滤的特点是可以不断地添加助滤剂，使过滤性能得到更新、补充、吸附能力强，能过滤 0.1~1.0μm 以下的微粒，可以过滤很浑浊的酒，没有像棉饼那样洗棉和拆卸的劳动，省汽省水省工，酒损也低。

硅藻土过滤机型号很多，其设计的特点在于体积小，过滤能力强，操作自动化。关键部件是硅藻土的支承单位，据此可分为板框式过滤机、加压叶片式过滤机及支柱式过滤机等类型。

（三）微孔薄膜过滤

微孔薄膜过滤是简单的筛分过程，微孔薄膜是用生物和化学稳定性很强的合成纤维和塑料制成的多孔膜，微孔以垂直方向通过膜的表面，啤酒过滤可用 1.2nm 孔径，生产能力为（20~22）×10^3 L/h，膜寿命为（5~6）×10^5 L。用 0.8nm 孔径膜滤酒，产品具有很好的生物稳定性。

微孔薄膜过滤多用于精滤生产无菌鲜啤酒，先经离心机或硅藻土过滤机粗滤，再入膜过滤除菌。薄膜先用 95℃ 热水杀菌 20min，杀菌水则先用 0.45nm 微孔膜过滤除去微粒和胶体，用无菌水顶出过滤机中杀菌水，加压检验，若压差小于规定值，是滤膜破裂之兆，应拆开检查，重新安装。

微孔过滤的优点是可以直接滤出无菌鲜酒，若配合无菌灌装可省去巴氏杀菌机，生产出生物稳定性可靠的成品酒，从而有利于啤酒泡沫稳定性，成品酒无过滤介质污染，产品损失率降低。

三、精酿啤酒过滤技术

膜过滤又称为膜分离。膜分离技术是从 20 世纪 60 年代以后发展起来的高新技术，它是以选择性透过膜为分离介质，当膜的两侧存在某种推动力（压力表、浓度差、电位差等）时，原料侧组分选择性透过膜（如小于分子物质透过膜，而大分子物质或固体粒子被阻挡拦截），以达到分离、提纯的目的，现已大规模工业化应用的膜分离技术包括渗透、反渗透、超滤、微滤、透析、电渗析、气体透过等。

微滤、超滤、反渗透、电渗析这四种液体膜分离技术相对比较成熟，称为第一代膜技术；气体分离膜技术称为第二代膜过滤技术；渗透汽化为第三代膜技术。

啤酒膜过滤技术的明显优势是它具有工艺灵活性。由于膜过滤操作是全自动，极大降低了劳动力投入，同时，膜故障的风险也降到了最低程度，该工艺可以在任何时刻停止或启动。而且，由于过滤器倒空工艺高度自动化，啤酒损失也达到最小。因而，过滤工艺运行可靠，占地面积最小，而产量最大。

啤酒厂常用孔径 1.2μm 微孔薄膜，它能够滤除酵母菌，而若需要滤出细菌，则需要 0.8μm 或 0.6μm 甚至更小孔径的薄膜。薄膜过滤主要用于精滤，酿制无菌鲜啤酒，酒在过滤前先经离心机或硅藻土过滤机粗滤，再用薄膜过滤除菌。

除硅藻土过滤外，膜过滤技术相对于常规方法有着巨大的附加优势，即可以永久性地消除啤酒变质物质。这个优点，加上膜过滤技术中非常先进的自动化工艺，为啤酒厂商提供了一个极有价值的工具，以进一步优化啤酒品质。啤酒厂商可以清楚地掌握滤出液的品质参数，然后把这些参数立即用于改进啤酒生产链初期的工艺流程，从而提高品质和产生经济效益。

一般采用膜过滤法，可省去啤酒在灌装前或灌装后的热杀菌工序，具有设备简单、节约能源、分离效率高、产品损失少、降低生产成本、易自动控制等优点。膜分离通常在常温下操作，增进了啤酒的胶体稳定性与泡沫稳定性，而且成品酒无过滤介质残留。

第二节 啤酒灌装

一、啤酒灌装的基本原则

啤酒灌装是啤酒生产过程中比较繁琐的过程，是啤酒生产最后一个环节，灌装质量的好坏对成品啤酒的质量和产品销售有较大影响。过滤好的啤酒从清酒罐分别装入瓶、罐或桶中，经过压盖、生物稳定处理、贴标、装箱成为成品啤酒或直接作为成品啤酒出售。一般把经过巴氏灭菌处理的啤酒称为熟啤酒，把未经巴氏灭菌的啤酒称为鲜啤酒。若不经过巴氏灭菌，但经过无菌过滤、无菌灌装等处理的啤酒则称为纯生啤酒（或生啤酒）。

1. 啤酒灌装基本原则

（1）灌装过程中必须尽可能少接触氧，啤酒吸入极少量的氧也会对啤酒质量带来很大影响，灌装过程中吸氧量不要超过 0.02~0.04mg/L。

（2）尽量减少酒中二氧化碳的损失，以保证啤酒较好的杀口力和泡沫性能。

（3）严格无菌操作，防止啤酒污染，确保啤酒符合卫生要求。

2. 对灌装容器的质量要求

（1）能承受一定的压力。灌装熟啤酒的容器应承受 1.76MPa 以上的压强，灌装生啤酒的容器应承受 0.294MPa 以上的压力。

（2）便于密封。

（3）能耐一定的酸度，不能含有与啤酒发生反应的碱性物质。

（4）具有较强的遮光性，避免光对啤酒质量的影响。一般选择绿色、棕色玻璃瓶或塑料容器，或采用金属容器。若采用四氢异构化酒花浸膏代替全酒花或颗粒酒花，也可使用无色玻璃瓶灌装。

二、精酿啤酒灌装设备

精酿啤酒以现酿现买为主，也有部分厂家有灌装要求，精酿啤酒的包装型式多种多样，有桶装、瓶装、易拉罐等，但精酿啤酒产量小，一般较少用到流水线式灌装设备。

1. 桶装灌装设备

桶装灌装设备（图 5-1）类型很多，基本可分为手动灌装和半自动灌装两种型式，目前，自动化程度较高的一种具备自动清洗和自动灌装功能的设备应用较多，清洗机和灌装机可以是分体的，也可以做成一体，下图是清洗、灌装一体机，该设备自带一个碱水箱和一个热水箱，有两个工位，一个清洗位和一个灌装位，清洗结束后需人工将桶放到灌装位。

图 5-1　桶装灌装机

2. 瓶装灌装设备

瓶装设备种类也很多，有手动、半自动和全自动几种类型。对产量较大的啤酒工坊可采用类似大啤酒厂使用的全自动啤酒灌装机，而对一般的精酿啤酒工坊，半自动灌装机较适合。图 5-2 为四头直线型半自动灌装机，这种灌装机对瓶型的适应范围广。

图 5-2 直线型半自动灌装机

图 5-3 半自动易拉罐灌装机

3. 易拉罐灌装设备

与瓶装设备相同，易拉罐灌装设备（图 5-3）也有手动、半自动和全自动之分，下图为半自动易拉罐灌装机，该设备有两个操作工位，有一个酒缸，上部有进酒管、背压管、压力表等，侧壁有两个操作杠，下部有两个灌装头。灌装时，先手动放好易拉罐，压下操作杠，压紧易拉罐，设备自动给易拉罐背压，再自动灌装，到规定的液位后，停止灌装，手动提起操作杠，取下易拉罐，送至封口机压盖。

三、啤酒灌装的注意事项

1. 保证洁净

（1）灌装容器的洁净　所使用的灌装容器必须经过清洗和严格检查，不能使灌装后的啤酒污染。

（2）灌装设备的洁净　对灌装设备尤其是灌装机的酒阀、酒槽要进行刷洗和灭菌，灌酒结束后每班应走水，加入消毒液杀菌，每周要对酒阀、酒槽、酒管进行刷洗和灭菌，凡与啤酒接触的部分都不能有积垢、酒石和杂菌，灌酒设备最好与其他设备隔绝，灌装机的润滑部分与灌酒部分应防止交叉污染，输送带的润滑要用专用的肥皂水或润滑油。

（3）管道的洁净　一切管道尤其是与啤酒直接或间接接触的管道，都要保持洁净，每天都要走水，每周都要刷洗，每次要灭菌。

（4）压缩空气或 CO_2 的洁净　用于加压的压缩空气或 CO_2 都要进行净化，对无油空压机送出的压缩空气要进行脱臭、干燥或汽水分离，要经常清理空气过滤器，及时更换脱臭过滤介质，排除汽水分离器中的积水。对 CO_2 要经过净化、干燥处理，保证 CO_2 纯度达 99.5%以上。

（5）环境的洁净　保持灌装间环境的清洁卫生，每班进行清洁、灭菌。

2. 防止氧的进入

啤酒灌装过程中氧的进入对啤酒质量的危害很大，减少氧的进入和降低氧化作用具有重要意义。

（1）适当降低灌装压力或适当提高灌装温度，减少氧的溶解。要求采用净化的 CO_2 作抗压气源，或用抽真空充 CO_2 的方法进行灌装。

（2）加强对瓶颈空气的排除。啤酒灌装后，压盖之前采用对瓶敲击、喷射高压水或 CO_2、滴入啤酒或超声波振荡等，使瓶内啤酒释放出 CO_2 形成细密的泡沫向上涌出瓶口，以排除瓶颈空气。

（3）灌装机尽可能靠近清酒罐，以降低酒输送中的空气压力，或采用泵送的办法，减少氧的溶解。

（4）灌装前要用水充满管道和灌装机酒槽，排除其中的空气，再以酒顶水，减少酒与空气的接触。

（5）清酒中添加抗氧化剂如维生素 C（或其钠盐）、亚硫酸氢盐。

3. 低温灌装

低温灌装是啤酒灌装的基本要求。啤酒温度低时 CO_2 不易散失，泡沫产生量少，利于啤酒的灌装。

（1）啤酒灌装温度在 2℃，不要超过 4℃，温度高应降温后再灌装。

（2）每次灌装前（尤其在气温高时），应使用 1~2℃的水将输酒管道和灌装机酒糟温度降下来。

4. 灭菌

瓶装熟啤酒的灭菌是保证啤酒生物稳定性的手段，必须控制好灭菌温度和灭菌时间，保证灭菌效果。同时，要避免灭菌温度过高或灭菌时间过长，以减少啤酒的氧化。灭菌后的啤酒要尽快冷却到一定温度以下（要求 35℃以下）。

第三节　啤酒包装

一、内包装材料

1. 传统啤酒内包装材料

啤酒包装主要有三种形式：玻璃瓶装、罐装和桶装。

（1）玻璃瓶　啤酒的特性决定了它的包装除了要有一定的强度和卫生安全性以外，还要有很高的化学稳定性、阻隔性。我国长期以来使用的玻璃啤酒瓶具备了以上的特点。玻璃瓶的主要成分是 SiO_2、Na_2O、CaO、还有少量的 Al_2O_3、MgO。这些材料经过科学地配比和高温熔炼、模具成型冷却后，具有硬度高、透光性好的特点。玻璃瓶对气体、溶液和溶剂等各种物质有很高的阻隔性，透过率为零，所以成为了啤酒首选的传统包装（图 5-4）。

图 5-4　玻璃瓶及玻璃瓶啤酒灌装机

（2）易拉罐　易拉罐以铝材居多，罐身与罐底用冲压成型工艺做成一体，再通过多层卷边工艺将罐盖与罐身卷封在一起。易拉罐有着优良的密封性，成型工艺简单而且速度快，可以实现高速机械自动化生产（图 5-5），罐盖开启方便，罐体的质量轻，易于携带，与玻璃瓶相比，易拉罐的安全系数高得多，不容易破碎，也不会出现爆瓶的危险。因为易拉罐具有轻巧、方便、美观和安全等特点，因而很受消费者青睐。但是它成本高，生产设备费用大，易受易拉罐材料资源市场限制。

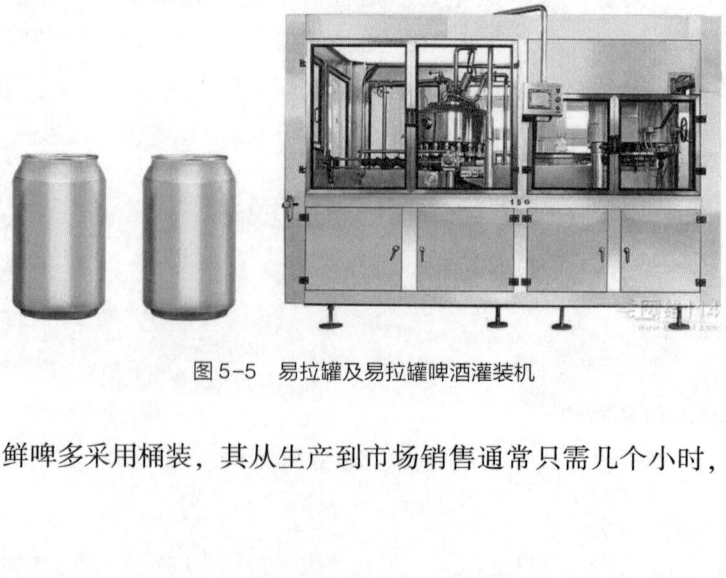

图 5-5　易拉罐及易拉罐啤酒灌装机

（3）桶　鲜啤多采用桶装，其从生产到市场销售通常只需几个小时，它极好的新鲜度是瓶装啤酒无法媲美的，价格低廉，口感清爽，适合在城市啤酒销售旺季销往饭店、宾馆。桶装的鲜啤酒风味保持较好，酒中存活了大量有益于人类健康的酵母菌，符合当今崇尚啤酒新鲜健康的潮流。桶装啤酒具有很多优势，如桶装啤酒成本低、运输方便，啤酒桶密闭的系统使桶内保持湿的原状，因而易于清洗，由于采用带保险的桶口阀不易打开而避免啤酒桶被不正常使用，桶装线能够全自动运行，保持啤酒中最低的氧气含量，而且桶装啤酒桶可重复使用，使用期限超过 20 年，能有效地使用机器操作，使用到最后桶本身的材料可回收利用，因此被认为是“绿色桶”（GREEN KEG），符合环保的要求（图 5-6）。

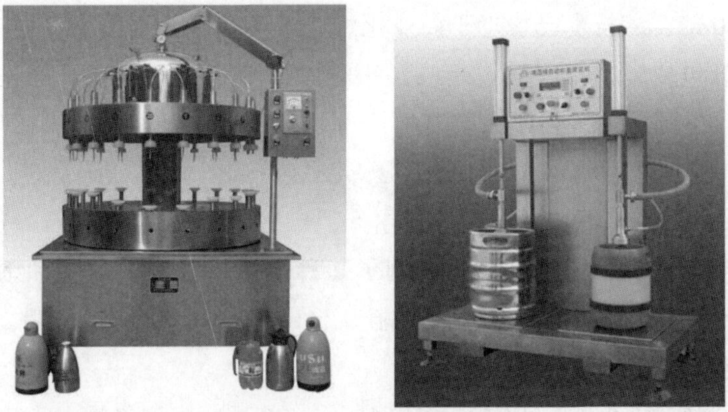

图 5-6　桶及桶装啤酒灌装机

但是桶装啤酒保质期短，只适宜在交通便利、消费集中的地点销售。快送快销，便于保鲜，也较大地满足了高层次消费者对口味及新鲜度的较高需求。对于生产厂家来说，桶装啤酒不使用瓶、盖、标、箱等包装材料，用啤酒桶包装比用玻璃瓶或易拉罐包装能节省费用 30%以上，啤酒厂能获得更高的利润。

2. 替代传统啤酒包装的新包装

（1）QLE 瓶　近年来，世界上许多国家都在积极开发新型包装，如由美国研制的 QLE 瓶，其抗氧能力比普通 PET 瓶高 3~10 倍，防潮能力提高 2 倍，透明度好，可微波加热。适用于目前的 PET 回收工艺。其生产过程是用等离子喷涂技术，在 PET 表面喷涂一层石英薄膜，涂层厚度小于 200nm。在大规模涂饰系统中，硬质塑料容器的喷涂速度为 500~1000 瓶/h。

（2）Surshield 阻隔材料　国外近年推出了 Surshield 阻隔材料，该材料对 CO_2 的阻隔性能比传统材料高 32%~45%，是非常有效的阻隔 O_2 和 CO_2 的塑料材料。该公司的先进技术对注塑过程控制精确，是目前能够满足饮料工业应用需求的最薄材料。Surshield 是目前美国啤酒商在塑料瓶包装方面所采用的一项核心技术。

（3）单层 PET 啤酒瓶　美国英威达公司成功开发了一种气体阻隔性优良的聚酯树脂 Poly Shield。Poly Shield 是一种具有吸氧性和气体阻隔性的新型 PET 共混树脂，其突破性技术在于使单层 PET 啤酒瓶极大地提高了对氧气和二氧化碳气体的阻隔性，并达到所有啤酒保质期标准。Poly Shield 特别优异的吸氧性使其避免了其他类似产品的“空瓶寿命”问题。

Poly Shield 单层啤酒瓶技术可用普通注塑机生产瓶坯，不需要额外投资且不会增加生产过程的复杂性，使产品成本大大降低。此技术已在全球数家啤酒生产厂试用。

（4）“透明的铝”　美国杜邦（DUPONT）聚酯公司开发了一种新的两段式外涂覆技术，使 PET 瓶对 O_2 及 CO_2 的阻透性提高 30 倍，且底涂层可用水分离，材料回收十分方便。杜邦公司开发的另一项被称为“透明的铝”的外涂覆技术，可使 PET 瓶的阻透性提高 30~40 倍，该技术已接近于商业化。

（5）啤酒软包装袋　啤酒软包装袋是一种啤酒软包装的改进产品。包括一个软的复合塑料袋体，在复合塑料袋体内装有一个圆柱体形或球形的铝箔制的二氧化碳充气囊，充气囊上的易拉边条的一端与上热合压带压在一起。优点是强度好，不易损坏；饮用时可充入 CO_2，保持啤酒口味；包装成本低，自身质量轻，便于运输。

（6）纸质罐　日本凸版印刷公司研制了一种能保持高度密封性和杀菌性，在常温下长期保存的新型纸罐包装。其食品保存能力不低于金属罐。实践证明，在常温下，罐中食品至少一年内不会变质。

这种纸罐的主要特点是：比铁罐、玻璃瓶轻；能进行高温充填，由于采用了铝箔包装边缘保护，减少了氧的穿透，因而在常温下流通保持期可达一年以上；罐身材料由纸、铝、聚乙烯、聚酯（PET）等复合而成，确保了罐身强度，能直接以罐状原形流通，故与传统的圆罐一样，可供自动销售机使用；回收处理方便，可烧毁，无公害。目前这种包装纸罐被用于啤酒、果汁等其他饮料的包装，并获得好评。

该纸罐在罐侧面设计成下凹状，加强罐的强度，不会产生瘪罐现象，这是以往研制罐头过程中的一个关键问题。纸罐可用于啤酒、食品、药品等包装，还可用来生产饭盒、纸杯、纸桶等系列产品。

二、外包装材料

1. 瓦楞纸箱

啤酒外包装一般采用纸箱，其优势如下。

（1）适合长途运输　依靠瓦楞纸箱良好的材料特性及牛皮纸衬垫、隔板使纸箱具有良好的缓冲作用，有效缓解瓶装啤酒在运输中的损瓶问题，这一保护作用是其他包装形式无法相比的。

（2）销售与运输包装相结合　全彩印的纸箱使啤酒可以直接上货架销售，并在运输途中以产品品牌也可以起到一定的宣传作用，提高了产品档次。

（3）在包装形式中占据主导地位 尤其在大型啤酒企业中，这种包装形式所占比重最大，设备、纸箱及其他原辅材料供应商已基本到位形成规模，预计短期内纸箱包装为主，其他形式为辅的格局不会改变。

但纸箱包装存在成本较高、无法循环使用、受潮后易变形、无法看到里面的产品、包装材料库存占地面积大等缺点。

2. 可回收塑料包装箱

目前，世界著名零售业巨头沃尔玛使用的包装材料中有70%选用了可回收塑料包装箱，而不是瓦楞纸箱。可回收塑料包装箱是最早实现标准化的运输容器，因为其规格一致，便于堆码，底部均有插槽，堆码稳定性也优于纸箱，所以具有标准的优势；还有很强的展示功能，可回收塑料包装没有顶盖，消费者可以直接看到内装的新产品，不必在包装上印刷图案，省去了一笔印刷费用，又不失包装的推销功能。虽然瓦楞纸箱对商品的保护功能很强，其优良的抗压、抗戳穿和防潮性能是可回收塑料包装箱不能与之相比的，外表又非常美观，但瓦楞纸箱利润越来越薄，正受到可回收塑料包装箱的挑战。

3. 塑料膜热收缩包装

随着包装新材料的出现，一些包装过程中的技术也有了新的变化。如自粘拉伸缠绕膜的出现，使得裹包、收缩、捆扎等工序合为一体，操作得以简化且快捷，又能降低包装成本。

（1）塑料膜裹包 可分为半托式透明薄膜裹包、半托彩印薄膜裹包和平板彩印薄膜裹包3种形式。常用规格为12瓶/包、9瓶/包。这种包装方式由全自动机器生产，在销售过程中也更可靠安全，而且这种包装方式的成本也相对较低。

塑料膜裹包具有成本低、市场展示性良好、不易受潮损坏等优势。

（2）彩膜热收缩包装 这种包装可提升产品档次，促进销售。深圳金威啤酒有限公司作为啤酒行业的顶级生产制造企业，其礼盒产品大多采用了热收缩包装形式。其使用原因主要有两点：使包装形式多样化，有利于促销；热收缩包装具有适合不同规格的灵活性，尤其是小规格的产品集束包装。小规格集束啤酒包装具有更好的灵活性，且更便于携带，因此正日益得到消费者的青睐。随着市场对小规格集束啤酒包装需求的增加，热收缩包装将拥有更大的发展空间。

彩色热收缩膜的出现受到了啤酒企业的高度重视，一些啤酒企业纷纷采用了这种收缩膜，提升了产品档次，促进了销售。湖北省金龙泉啤酒股份集团有限公司相关负责人认为，彩膜热收缩包装将是获得最佳展示效果的选择，在这种需求下，带有薄膜定位系统的适用于彩色收缩膜的热收缩包装机将成为啤酒行业中发展前景最好的包装设备之一。

对于新近兴起的热收缩包装形式的使用情况，青岛啤酒集团通过对部分产品的试用，认为这种包装形式的优点是成本降低，以12瓶640mL的瓶装啤酒为一个单位进行比较，热收缩膜的包装将比纸箱包装便宜0.3元左右。且这一包装形式设备前期投入不大，购进20万~30万价位的设备基本就可以满足企业对机械性能、速度的要求。包装后的啤酒，瓶体紧凑，由6~12瓶个体变为统一整体，防止了瓶体间碰撞，晃动导致的瓶体破裂。未来几年内，热收缩膜包装将在部分产品上使用，全部替换纸箱的可能性不大，主要是因为一次性替换原有的纸箱包装设备，投入的资金过大，这将是一个逐步替换的过程。

第六章

精酿啤酒品评的基本理论

第一节　感官品评生理基础知识

第二节　品评技能及专业术语

第三节　精酿啤酒风味缺陷分析

第四节　精酿啤酒风味和口感的核心

第一节 感官品评生理基础知识

一、感觉领域概念

（一）感觉

生存环境中不停变化着的光、色、声、味、气、形状等外界反应，传输到大脑，并由此引起触动，刺激神经信号，大脑接收了这些信号，出现感觉（表6-1）。

表6-1 感官反应分类

刺激物	感官反应	分类
食物，酒类等	味觉（酸、甜、苦、咸等） 嗅觉（香、臭等）	化学感觉
	触觉（硬、黏、热等） 运动感觉（滑、干等）	物理感觉
	视觉（色、形状） 听觉（声音等）	心理感觉

（二）知觉

知觉就是接受到感觉信息后达到辨认、区分、处理，并做出相适应的反应，即应激性。应激性能迅速地对引起舒畅、欢愉的刺激表示接受，对厌恶的表示回避或反抗。

二、人的视觉

（一）光是刺激视觉的主要能源

人类视力所能感觉到的波长为400~760nm（图6-1）。

白光由七种颜色组成（赤、橙、黄、绿、青、蓝、紫）。

三原色为红、黄、蓝。

人对颜色的反应：400nm（紫色）、500nm（绿色）、600nm（黄橙色）、700nm（红色）。

人类接收光感并产生视觉的器官是眼睛，由于眼球吸收了不同波长，便产生了各种颜色。

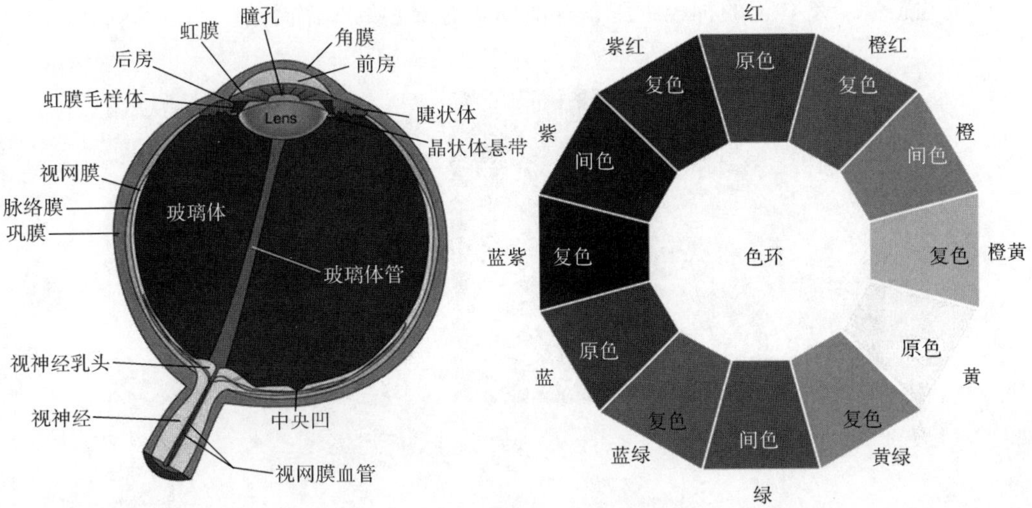

图6-1　人类眼球结构及色相环

（二）视力调节能力

不同年龄的人的视力调节能力有差异（表6-2）。

表6-2　　不同年龄的视力调节能力

年龄/岁	调节力/D	近点/cm
10	11.3	8.8
20	9.6	10.4
30	7.8	12.8
40	5.4	18.5
50	1.9	52.6
60	1.2	83.3
70	1.0	100.0

三、人的嗅觉

（一）嗅觉器官的结构

有气味的东西（odorants）是挥发性的化学物质，它能被吸入的空气（inhalled air）带到嗅觉上皮（Regio olfactoria，olfactoria epithelium）。嗅觉上皮位于人的鼻子内两个鼻洞（nasal cavities）的顶部（roof），刚好在两个眼睛之间的下面（图 6-2）。

人的嗅觉区域约有 2.5cm^2，包含大约 5 亿个嗅觉感受细胞器（sensory receptor cells）嗅觉感受器是真正的神经细胞，存活期限有限，约一个月。

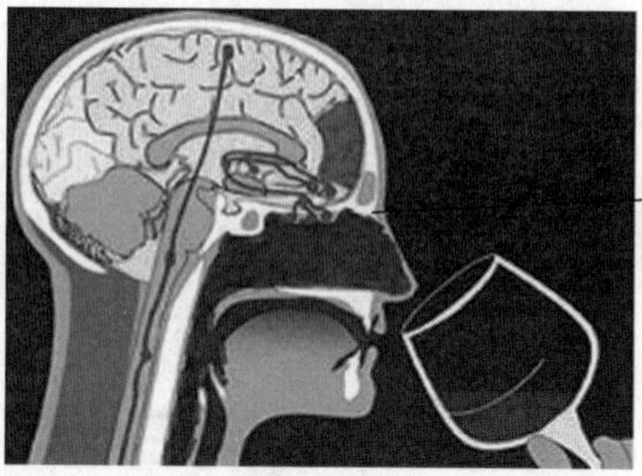

图 6-2 人类嗅觉感受区

（二）嗅觉上皮细胞

在黏液层的上面是嗅觉上皮细胞。嗅觉上皮细胞中有一种基细胞（basal cell），位于嗅觉上皮的最下层；当器官成熟时，它可以通过有丝分裂形成嗅觉感受神经元。嗅觉感受器神经元大约每 40 天更新一次；嗅觉上皮中还含有色素细胞（pigmented cell），在人鼻中发出黄色的光，而在狗鼻中发出暗黄色到棕色的光。其颜色的深浅似乎与嗅觉灵敏度有关。

（三）气味的产生

溶解于黏液层中的挥发性气味分子与嗅觉感受器相互作用，产生信号，然而我们的大脑将它翻译成气味（odor）。

（四） 嗅觉的特性

人的嗅觉反应灵敏度高，比如正己醛，人的嗅觉阈值为 0.03mg/L，而仪器需在 0.3mg/L 才能检测出，人的嗅觉高于仪器 10 倍。但是与动物比，可能是个退化的器官，德国牧羊犬比人的嗅觉灵敏度高出 100 万倍。

（五）易疲劳

久居兰室而不闻其香，品酒时轮次间要适当休息，防止嗅觉疲劳和神经不集中而影响了人对闻香的判断。

（六）气味盲

气味盲是指对所有气味和某一气味无法感知。美国35%的人闻不到雄性酮的气味，29%的人对麝香不敏感，有些嗅觉缺失可通过两三个月的训练恢复至中等敏感，有些人对双乙酰和乙基麦芽酚不敏感。

（七）嗅觉灵敏性因人而异

受年龄、嗜好、身体健康条件、精神状况多方面的影响，吸烟的人嗅感低；疲劳或营养不良都会降低嗅觉功能；年龄大、更年期、妊娠期都会使嗅觉减退；感冒、鼻腔发炎更闻不出气味。

（八）气味阈值

指用嗅觉能辨别出的该物质的最低浓度，也称为嗅觉阈值，只有通过大量的训练才能提高气味辨别能力。

四、人的味觉

味觉（gustation）是化学刺激物对口腔中的味觉接收器细胞（taste receptor cells）刺激而引起的。

（一）味觉的分类

1. 心理味觉

由食品的形状、色泽、光泽、外形等而引起的心理反应，或喜爱或厌恶。

2. 物理味觉

由食品在口腔中感受到软硬程度、黏稠性、冷热、湿润性、亲水性和对口腔的刺激感而形成的感觉。

3. 化学味觉（基本味觉）

由化学物质在味蕾中真正感受到的刺激。

（二）味觉的一般机理

人们能感受到味道，是有味道的物质与舌头上不同的味觉乳突（papillae）相互作用的结果（图6-3）。

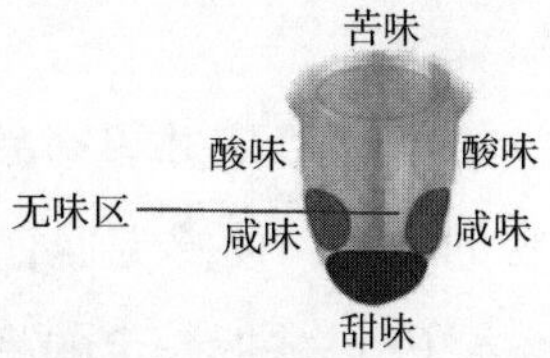

图6-3　舌头味觉区域

味蕾通过狭窄的小管（2μm）与口腔相通，在味蕾的顶部，微纤毛（microvilli）居于其核心。微纤毛直径约0.1~0.2μm，长1~2μm。微纤毛是最可能与呈味化合物结合的第一个位点。成年人总共有 2000 个味蕾，但幼儿约有 10000 个。

表 6-3 人类舌头不同区域的味觉感受

味觉	甜味	咸味	酸味	苦味
主要分布部位	舌尖	舌尖两侧	舌体两侧	舌根部
呈味物质	蔗糖	食盐	稀盐酸	硫酸奎宁

五、啤酒感官品评专业训练

品酒工作是通过人的眼睛、鼻子和口腔等感觉器官来完成（图 6-4）。这些器官的灵敏度、工作状态及对酒做出评价的正确性，受许多因素的影响，其中一个重要的影响因素就是心理活动的影响，了解评酒心理活动知识并进行相关技能训练，是品酒师必备的素质。

图 6-4 品酒现场

第二节 品评技能及专业术语

一、培养品酒技能的目的

（1）稳定并提高品评员的感官灵敏度（提高运用感官的能力，减少外界因素对感官的影响，使感觉器官保持一定的灵敏度）。

（2）掌握一定的品评技巧，辨别酒质优劣（可加快品评速度，总结一套适用于自己的品评方法）。

(3) 减小各品评员品评结果之间的偏差（有助于品评员对评价特性，评价基准，刺激强度等有一致的认识）。

二、感官品评必要性

对样品进行分析评价时，可以用仪器测定，但是感官品评的方法更迅速，更直接，费用少，准确度高；而且当尚未开发出适当的仪器法进行分析评价时，使用分析型感官品评是可取的方法。如果要对一个样品的偏好性做分析评价，仪器测定法是难以实现的，必须用到消费者型感官评价。使用仪器测定法对样品进行分析评价，难以对样品特性进行综合判断，而感官品评法可以直观地对样品做出综合评价。

三、品评员训练内容

基本口味物质练习；三杯法、五杯法练习；典型风味物质练习；浓度梯度练习；重现性练习；复配练习；实际品酒（图6-5）。

四、品评方法

（一）啤酒样品前处理

将待品评的啤酒样品编号，然后放入冰箱中恒温至10~12℃，待用。

（二）倒酒

将恒温至10~12℃的啤酒沿品评杯轴线方向平稳匀速地倒入洁净的品评杯中，瓶口距杯上方2~3cm处，待泡沫涌起至杯口处停止倒酒。

（三）观察

色泽、泡沫。

（四）嗅闻

将品评杯端起，顺时针或逆时针轻摇酒杯让香气释放出来，然后将杯口置于鼻前，闻其散发的香味。

（五）品尝

饮一口酒，让酒样铺满舌面，感觉其味道。

图 6–5　啤酒品评

五、啤酒感官指标要求

感官指标包括：外观（透明度、浊度）；泡沫；香气和口味；感官评价。对于消费者来说，感官评价的意义大大超过了理化检测。

六、啤酒常见问题分析

（1）啤酒浑浊（生物浑浊和非生物浑浊）　非生物浑浊中的蛋白质浑浊是最常见的浑浊现象。蛋白质浑浊分为冷浑浊、热浑浊和蛋白质多酚聚合沉淀三种；啤酒国家标准中允许有少量悬浮物和沉淀物，浊度小于 0.9EBC。

（2）阈值　某种风味物质能够被品评者辨别的最低含量，如乙醛 10mg/L、双乙酰 0.9mg/L、酸 2.5mg/L 等。

七、啤酒香气的专业术语

（一）啤酒的香气

酒花香气：是酒花中的酒花油类物质在啤酒中良好溶解结合所表现出来的一种特有的清澈花香味。

麦芽香气：是麦芽在焙焦时产生的一种本身的香气。

发酵时含氮物质代谢生成的芳香物质：以酯类为代表，啤酒中的主要酯类的乙酸乙酯和乙酸异戊酯。

（二）口味纯正

啤酒的口味“纯正”即表示啤酒由麦芽、酒花、水、酵母在酿造过程中产生正常的本质味道外，没有其他异味和杂味。

（三）什么叫柔和、爽口和杀口?

“柔和”表示啤酒的香气和各种味觉协调，不能有某一种口味太强和太弱，引起不愉快的刺激感。

“爽口”表示引用啤酒后感到苦味协调、清爽和舒宜，有再饮用的欲望。“爽口”实际上是啤酒口味质量的一种综合概念，不纯正的啤酒难爽口，“爽口”包含着“柔和”的意义，爽口和啤酒中二氧化碳含量有关，没有气的啤酒不会爽口。

“杀口”表示饮用啤酒后，啤酒中溶解的大量二氧化碳在口中分散逸出，使人感到口内麻舌，产生新鲜、刺激、舒适的感觉。啤酒的杀口感主要由啤酒中充分溶入的二氧化碳和合理的物质组成引起，二氧化碳必须在啤酒中牢固结合，注入杯中后，不会很快消失，保留到口中逸出。另外，杀口感和啤酒的 pH 有关，资料报道，以 4.4±0.1 为宜。适量的二氧化碳可以隐蔽一些啤酒口味上的缺点，一个啤酒的其他口味指标很好，但二氧化碳含量不足也会成为乏味，稍有其他缺点就会敏锐地感觉出来。

（四）酒体醇厚

“醇厚”是啤酒的“体”，是口味本身的基础，啤酒饮入口中，感到酒有“东西”，有“新鲜滋味”而不是“淡而无味”“水似的”或“滑腻”。酒体的“醇厚”和发酵过程中含氮物质的代谢有关。

啤酒的泡持性和醇厚性大致是同一种物质引起的，取决于啤酒中分子量在 6000~100000u 的高分子蛋白、多酚、焦香物质、苦味物质、β-葡聚糖等；酒精含量对醇厚性是一种补充；酿造水中含有一定钙离子，对醇厚性也有一定影响；糖化对蛋白分解过度会失去醇厚感；高温发酵会使发酵液中的胶体物质大量损失，影响醇厚；啤酒发酵度低，未发酵的碳水化合物对醇厚并不利，会造成腻厚感，粗糙不柔和。

不同类型的啤酒对“醇厚”要求不同，浓色啤酒要求高的醇厚性，淡爽啤酒对“醇厚”的要求低一些（图 6-6）。啤酒是各类风味物质的有机融合体，如果某一风味物质含量超过阈值，该物质会呈味突出，成为啤酒口味缺陷。

图 6-6 不同口味的啤酒

八、常见的几种风味及描述

（1）酸味 啤酒中有适口的酸味是正常的和必须的，请注意辨别。乳酸辨别阈值是 400mg/L，啤酒中正常含量是 30~200mg/L，已经超出此范围。

（2）苦味 啤酒正常的苦味柔和短暂，请与不正常的粗糙后苦区别。不正常的苦味是粗糙刺口的，消失缓慢、后苦。

（3）老化味 味道类似于纸板味、柿饼味、烧灼味，且有焦糖似的味道，其代表性的化学物质是反式-2-壬烯醛。

（4）日光臭 啤酒经过日光照射产生的，类似柿饼的气味，代表性的化学物质是 3-甲基-2 丁烯-硫醇和乙硫醇。

（5）双乙酰味 类似馊饭的味道，代表性化学物质是丁二酮。

（6）硫味 主要来自啤酒中的硫化氢、二甲基硫等含硫化合物。硫化氢有臭鸡蛋味，二甲基硫有类似洋葱的怪味。

（7）高级醇味 主要有正丙醇、正丁醇、异戊醇、苯乙醇、辛醇等，对风味影响最大的是戊醇类；类似杂醇油味，高级醇含量高可能会引起“上头”，但上头的原因是多方面的，也可能是喝酒的人状态不好或者酒量的问题等。

（8）酯香味 主要有乙酸乙酯、乙酸异戊酯，乙酸乙酯含量最高，略甜、刺激香味。乙酸异戊酯呈水果味，香蕉味。醛类主要是乙醛（图 6-7），类似青草和青苹果的味道。

第三节 精酿啤酒风味缺陷分析

精酿啤酒是一种具有特殊风味的发酵饮料酒，其风味组成成分分为两部分，一部分为原料经糖化所带入的风味物质，它们往往构成了啤酒的背景风味；另一部分来自发酵

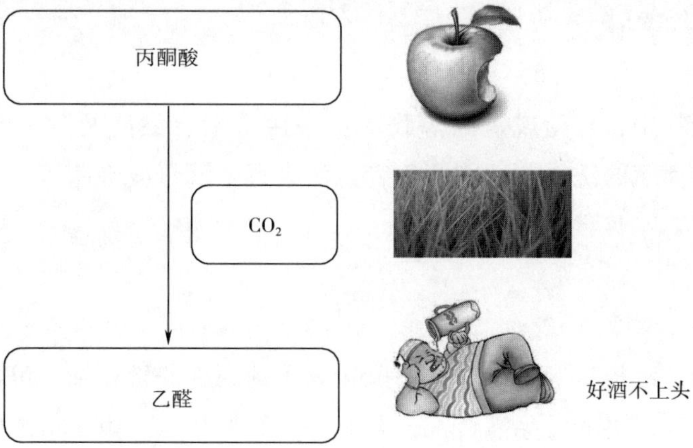

图 6-7 乙醛的合成机理及其味道

过程中由酵母代谢产生的风味物质。这些物质的种类非常多，含量非常低，同时在这些风味物质间会存在增强、削弱等相互作用和影响，因此描述和分析啤酒的风味都是一件非常困难的事情。如果啤酒的风味出现异常，那么啤酒的质量肯定会受到很大的影响，甚至无法接受。

对于酿造者来说，必须了解成品啤酒中可能存在哪些风味异常的现象，造成这些现象的主要原因是什么，才能在生产中进行控制和管理，达到保证和提高啤酒质量的目的。因此对于啤酒中常见的风味异常现象进行总结，并分析产生风味异常的可能原因是非常重要的。

一、口味粗涩

主要原因有：多酚物质含量过高以及多酚物质的聚合指数太高；啤酒发生氧化，啤酒的 pH 过高；麦芽中的麦皮厚，粉碎过程中粉碎过细，麦皮物质溶出过多；水的暂时硬度较高，pH 高，水中杂质较多（某些阴、阳离子过多），水处理时使用过多的絮凝剂；使用陈酒花，酒花贮存时间长贮存温度太高；麦汁煮沸时间过长；麦汁过滤时洗糟过度等。

二、苦味不正常

主要原因：酒花不新鲜，且添加量过高；多酚物质含量过高，聚合指数高；糖化用水的 pH 过高；麦糟洗涤过度；麦汁煮沸强度不够，凝固性氮含量高；麦汁煮沸时间过长，导致异 α-酸氧化分解；麦汁的凝固物分离不好；酒花树脂含量较高；酵母苦；重金属含量过高，啤酒氧化等。

三、酚或其他化学味

主要原因：涂料中含有酚或氯酚等物质；采用含酚、氯酚及游离氯含量高的水浸麦、糖化；用含游离氯的洗涤剂洗刷输酒管；污染野生酵母或细菌等。

四、老化味

又称为氧化味、纸板味等。造成啤酒风味老化的原因非常复杂，可以说是一个系统工程，从原料开始到最终的成品灌装都会影响啤酒的老化味。由于造成啤酒老化的许多物质或前体物质同时也是啤酒必不可缺少的风味物质，因此啤酒的老化味是不可能避免的，我们能做的只是将啤酒出现老化味的时间尽量延长而已。原料是否新鲜、糖化工艺是否隔氧、灌装过程的隔氧等问题是延缓啤酒老化的重要方面。总结起来，要使啤酒出现老化味的时间延后，必须在尽可能减少老化前体物质的量的基础上，提高啤酒的抗氧化能力。

五、馊饭味

主要原因：啤酒中的双乙酰含量过高。不成熟的啤酒容易产生这种风味，遭到微生物污染的啤酒也会产生浓重的双乙酰味，含有较高双乙酰前体物质的啤酒（清酒），在成品酒杀菌之后，或在贮存一段时间后出现双乙酰含量的反弹。

六、腐烂的青草味

主要是乙醛带来的风味。

七、大蒜味

主要来自不良的酒花品种。

八、洋葱味

主要来自二甲基硫。控制啤酒中的二甲基硫含量，一方面要注意麦芽的品质，另一方面在糖化期间的煮沸和回旋沉淀槽操作时要注意使其尽量多地挥发掉。

九、酵母味

主要原因：有些啤酒经酵母发酵会产生酵母味，也就是说酵母味构成了啤酒的风味特点，所以评论酵母味要因酒而异。同时要学会区分酵母味和酵母臭。

酵母臭是指啤酒中硫化物含量过多，特别是硫化氢含量较高时（阈值 5 μg/L），而在啤酒中产生的一种不良的气味。可能由酵母自溶、发酵不完全等因素引起。

十、金属味

也称为铁腥味，主要是由于啤酒中金属离子含量过高导致的，也有可能来自不饱和脂肪酸的氧化产物。

十一、焦味

主要原因：焦香麦芽或黑麦芽的干燥温度处理不当，主要来自麦芽原料。

十二、酸味

啤酒中的酸味有两种，一种是闻香酸味突出，另一种是口感酸味突出。闻香酸味突出主要是以乙酸为主的挥发酸含量过高，应该注意麦芽中的乙酸含量，并且尽量在麦汁煮沸期间挥发掉更多的乙酸。口味上的酸感突出主要是由于啤酒中的有机酸组成可能不尽合理。如果在生产过程中污染有产酸细菌的话，也会使啤酒的酸感突出。

十三、霉味

主要是因为原料发生霉变造成的。

十四、麦皮味

主要原因：麦芽的麦壳厚，而且在粉碎过程中粉碎过细；糖化酿造用水的 pH 偏高，洗糟终点较低，使谷皮物质溶解增加；糖化醪煮沸时间过长也会造成麦皮味。

十五、口味腻厚

主要原因：糊精含量高，发酵度低；高级醇含量过高有时候也会产生这种味觉。

十六、高级醇味

啤酒中的高级醇是啤酒重要的香气和口感物质，但是如果高级醇含量超过一定值或者与挥发酯的比例较高时，易产生冲鼻的高级醇味，这样的啤酒也容易造成“上头”的感觉。

十七、异香味

酯香是啤酒重要香味的来源。啤酒中主要的酯是乙酸乙酯和乙酸异戊酯。如果乙酸异戊酯的含量过高，往往是污染了产酯酵母，过高的酯香味被认为是啤酒中的异香，并不太让消费者接受。

啤酒的风味是个整体，各种挥发性、不挥发性的物质在一起，通过人体的视觉、嗅觉和味觉的共同参与，来感觉和享受啤酒的风味质量。但是啤酒中的风味物质及风味与啤酒的有些性质存在一定的相关性。例如由于啤酒原麦汁浓度的不同，各种风味物质在不同原麦汁浓度的酒中浓度也会产生差异，因此不同的酒品评起来的感受会有较大差异。

第四节 精酿啤酒风味和口感的核心

一、最关键的因素

从酿酒原料来看，酵母、麦芽及酒花是影响啤酒风味和口感最关键的因素（图6-8）。

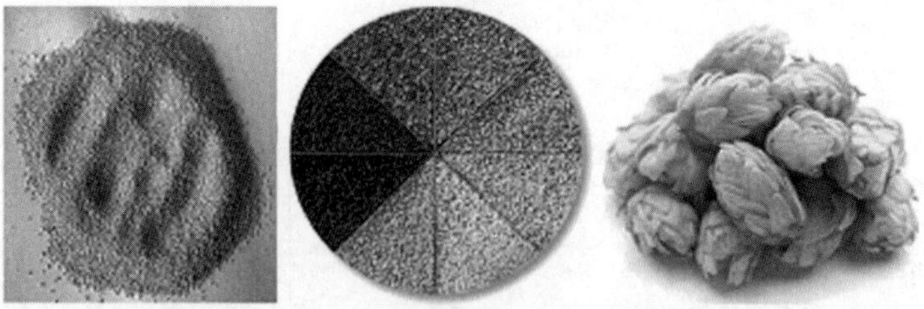

图6-8 酵母、麦芽及酒花

二、酿造的风格

比利时人则更喜欢应用各种酵母（Belgian prefer yeasts）。

美国人钟情于应用各种啤酒花（American prefer hops）。

德国人钟情于应用各种麦芽（German prefer malts）。

三、发酵

通过调控发酵可以获得想要的啤酒风味和口感。

（一）酵母生物多样性

酵母的种类不同，其发酵性能不同（图 6-9），从而会影响成品啤酒的风味和口感。

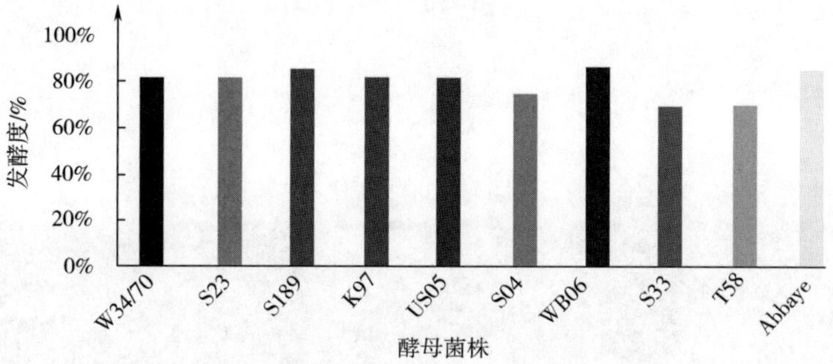

图 6-9　不同酵母的表观发酵度

（二）残糖控制

通过控制残糖调节啤酒的可饮性以及甜味，残糖不仅仅包括不可发酵性糖，也可控制麦芽三糖（图 6-10）。

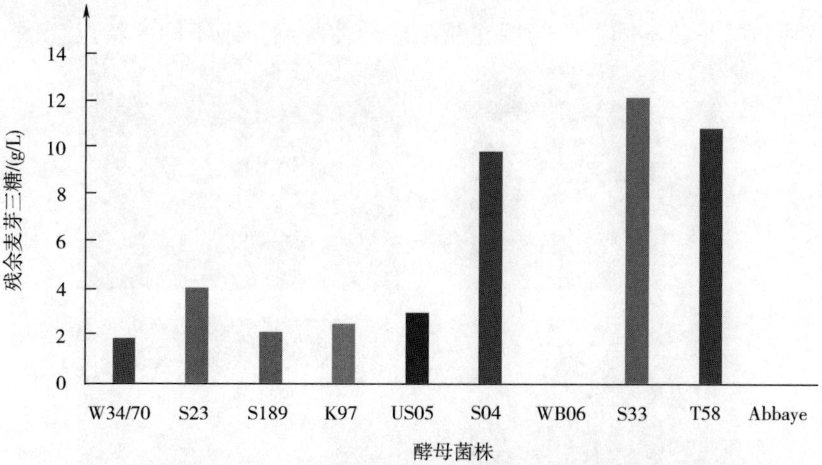

图 6-10　不同酵母发酵后残余麦芽三糖对比

（三）选择功能性酵母

一般有产酯香酵母；小麦酵母；低双乙酰酵母；低乙醛酵母；高发酵度酵母（图 6-11），

可根据需要进行选择。

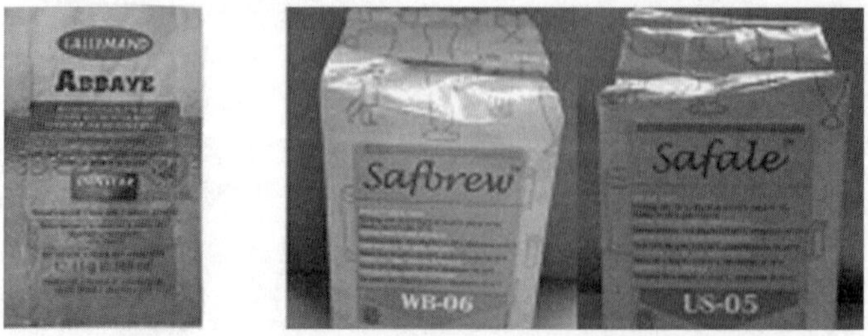

图 6-11　不同功能性的酵母

四、特种麦芽

特种麦芽种类较多，能给啤酒增加特有的风味（图 6-12）。

图 6-12　特种麦芽能带给啤酒特有的风味

五、多元化的酒花和使用

不同品种的酒花和不同形式的酒花制品也会使啤酒呈现不同的特点（图 6-13）。

图 6-13　酒花的多样性

（一）捷克萨兹酒花（香型）

表6-4　　捷克萨兹酒花特征

指　标	范　围
香味	非常柔和纯正的酒花香
α -酸	3.0%~5.0%
β -酸	4.0%~7.0%
α -酸/ β -酸	0.7
合葎草酮	25%
合蛇麻酮	41%
HSI（酒花贮藏指数）	0.30~0.45
总酒花油含量	0.4~0.6g/100g
石竹烯	5%~7%
葎草烯	16%~22%
葎草烯/石竹烯	3.4
法呢烯	14%~18%
可酿造爱尔，拉格，比尔森	

图6-14　捷克萨兹酒花

（二）卡斯卡特酒花（香型）

表 6-5 美国卡斯卡特酒花特征

指　标	范　围
香味	温柔的香型，在爱尔中可以体现出玫瑰的味道，在拉格中具有典型的欧洲花香
α-酸	4.5%~6.0%
β-酸	5.0%~7.0%
α-酸/β-酸	1
总酒花油含量	0.6%~0.9%
香叶烯	3.0%~6.0%
葎草烯	10%~16%
法呢烯	45%~60%
可酿造所有英式爱尔，美式淡色爱尔，美式棕色爱尔，美式拉格	

图 6-15 卡斯卡特酒花

（三）威廉麦特酒花（香型）

表 6-6 美国威廉麦特酒花特征

指　标	范　围
香味	香气淡雅清香，果香和花香非常浓郁
α-酸	4.0%~6%
β-酸	3.5%~4.5%
总酒花油含量	1.1%~1.5%
葎草烯	20%~30%

续表

指　标	范　围
香叶烯	20%~30%
法呢烯	5%~10%
可酿造棕色爱尔，淡色爱尔，金色爱尔，爱尔兰红色爱尔，世涛，波特	

图 6-16　威廉麦特酒花

第七章

精酿啤酒设备操作规程

第一节　设备安装
第二节　设备清洗
第三节　糖化
第四节　发酵及灌装
第五节　设备常见故障及排除方法

南阳理工学院与南阳市京德啤酒技术开发有限公司校企合作研发的糖化一体机和独立制冷发酵罐已有20多年的生产和实践经验，拥有20多项专利技术。设备容量一般在1000L以下，配置简单，占地面积小，投资少，技术操作方便，适用于规模较小、个性多样的精酿啤酒，有效降低精酿啤酒行业的投资门槛，为促进精酿啤酒行业快速发展做出重要贡献。目前，南阳市京德啤酒技术开发有限公司已销售2500套设备，销售额1.5亿元，带动全国8000人创业，销售区域覆盖到全国30多个省（市），并已出口到美国、泰国、柬埔寨、老挝、毛里塔尼亚等10多个国家，受到了国内外啤酒行业人士的赞誉。本章以糖化一体机和独立制冷发酵罐为例介绍精酿啤酒设备操作规程。

第一节 设备安装

一、安全

（一）用电安全

1. 电缆线能承受的负荷大于整机满载负荷。
2. 制麦汁设备（糖化锅）安装接地线，总电源安装漏电保护。
3. 加热管接线柱紧固无松动，无外露，达到接触电阻最小（铜鼻子或垫片），加水前必须检查。
4. 电缆线无破损，有磨损有隐患的点加固。
5. 所有电器禁止用水冲。
6. 用电时使用电笔对设备测量，防漏电伤人。
7. 所有电线接口处应无外露，有绝缘保护。
8. 当外接三相电源相线顺序更改后，需要调整三相电机相线顺序，保证泵正转。

（二）用热安全

1. 本设备采用电加热，投料后全程温度高于50℃，在观察醪液时需要戴手套取放料口盖。
2. 向温度升至95℃的麦汁倒回流清亮或澄清的麦汁时，手要放在桶侧面防止蒸气伤手。
3. 当麦汁温度升至99℃时要关掉一个相线，让一个加热管工作，防止麦汁溢锅，要求加装1P+2P三相开关。

4. 对麦汁管道杀菌时要捏紧管子，管头在液面以上，杀菌 12s 后，先关上竖管，再关泵。

（三）人员、机械安全

1. 操作人员在操作时注意周边容易碰到的硬物，起身前上下看过后再起身，防止碰伤。

2. 设备表面的金属刺要清理干净，防止伤人。

3. 泵在工作时禁止异物碰撞电机轴。

4. 粉碎机工作前先动手盘轴，看顺畅否，若顺畅方可粉料，粉料时禁止触摸电机轴。

（四）压力容器安全

1. 发酵罐负压。当发酵罐热碱洗过或热水洗过后禁止用冷水洗，热水洗过后，排空发酵罐内热水，上下阀门口安上 75%酒精棉，并打开上下阀门。

2. 发酵罐超压。当发酵罐进入麦汁后要确保自动排气阀工作正常，对非机械式的自动排气阀停电要手动排气，防止罐超压憋烂罐。

3. 二氧化碳气罐禁止碰撞，发酵罐背压时气罐主阀全开，附阀调至压力表显示 0.25MPa，再向发酵罐背压，发酵罐背压不超过 0.2MPa。

二、设备位置

（一）粉碎机安装

1. 位置靠近通风口，便于抽走粉尘。

2. 粉碎机四个支柱要垫上防振垫（胶皮等）。

3. 粉碎机料斗三个紧固螺丝要安装弹簧垫，防止螺丝松动进入磨盘损伤磨盘。

4. 粉碎机安装后，对机头磨盘送料辊清理，将残余铁屑等杂物清理干净，然后先调整磨盘间隙，调整顺序为：先从大间隙调至理想间隙，理想间隙为粉碎的麦芽“皮破而不碎”，使用麦芽边粉边调，调好后将其固定。

5. 每次粉料前先检查磨盘内有无发霉异物，再用手盘电机轴感受磨盘响声是否有磨损声，若顺畅可开机粉料。

（二）糖化锅安装

1. 糖化锅安装位置离地漏距离不超过 2m，地漏地面高度应不高于糖化设备安装平面。

2. 过滤槽上端拌糟口位置距屋顶距离不低于 1m。

3. 投料口位置距离墙壁位置不小于 1m。

4. 一吨罐出糟口位置距离墙壁不小于 1.3m。

5. 投料口位置上方墙面安装排气扇，排气扇安装靠高不靠低，电源箱开关应在排气扇水平位置以下。

6. 安装糖化锅管道、泵。

第一步：先将管道接口有毛刺的异物打磨干净，安装时检查密封圈是否缺失，禁止蛮力安装，保证柔性安装。

第二步：安装中下横管和中上横管。

第三步：安装下横管。

第四步：安装泵（安装泵时先将泵四个调水平螺丝调至最短位置并放置橡胶垫防震，调节螺丝至泵进口中心和下横管中心重叠，安装泵）。

第五步：安装下竖管。

第六步：安装上竖管和上横管。

第七步：管道安装好后，细调整泵的四个调整螺丝，最后紧固视镜快接卡箍。

第八步：管道通水试漏。

（三）清理糖化锅

1. 将糖化锅上下内表面异物凸起、焊点等用粗砂布打磨后再用细砂布打磨平滑。

2. 用清水将上下锅内表面冲洗干净。

（四）加热管安装

1. 加热管表面用毛巾擦拭干净。

2. 用圆锉将糖化锅加热管底座开孔毛刺磨平。

3. 安装加热管螺丝时上下螺丝均匀扭紧，不可上紧一个端口再上另一个端口。

（五）温度传感器安装

1. 检查传感器密封圈应套在传感器基部。

2. 传感器扭紧即可，温度表固定在容易观察的地方，此温度表作为参考值，可用精度高的水银温度计校验标准工艺温度在此表上的指针位置，来控制温度。

（六）设备内表面和管道泵内部残渣的清理

1. 先用水枪将过滤槽内表面冲干净，再用水枪将糖化锅内表面冲洗干净，连水管冲管道、泵。

2. 冲洗顺序为：上横管、中上横管、上竖管、中下横管、下竖管、泵、下横管。

（七）加热管电源线连接

特别注意：三相电接线应保证每个相线在加热管端头出现两次，且同个加热管不能用同根相线连接。

（八）水泵电源连接

按照电路图连接即可，连接好水泵电源后，加水至淹没第一根加热管，点动水泵检查其正反转，若反，调节开关下端任意两个相线位置即可。

（九）试漏水

加水至第三根加热管上 2cm 处，打开加热管电源检查加热和密封有无渗漏，若渗漏则关闭电源，带紧渗漏加热管螺丝即可。

三、发酵罐安装

发酵罐安装要求如下。

1. 发酵罐顶部压力表距房顶距离不小于 10cm。

2. 发酵罐安装区域若出现斜坡或有水槽，应在水槽边设不低于 2cm 的隔离板防止发酵罐滑入水槽。

3. 发酵罐酒头安装时先清理干净酒头，按照上龙头反方向成股缠上生料带，最好用宽面裹好，上龙头扭至吃力时停止，卸下调节泡沫前端的环形内丝，而后调整好龙头位置，扭紧即可。

4. 发酵罐顶部压力表、弯头安装时，先清理干净弯头、阀门内部卫生，剪掉压力表上部皮塞，安装好相应密封圈，而后扭紧，压力表表盘置于操作人员便于观察的位置。

四、皮管安装

1. 黑皮管仅用于排污和加自来水，白色食品管用于打麦汁、打碱、打热水、排酵母等。

2. 以上各管安装时首先管头切割要平，而后要在软管接头上缠上生料带，缠法同发酵罐酒头生料带缠法，管箍必须卡在软管接头槽内，并且要上紧。

第二节　设备清洗

一、设备清洗项目

（1）粉料用盆清洗。
（2）粉碎机清洗。
（3）糖化锅清洗。
（4）过滤槽清洗。
（5）发酵罐清洗。
（6）测量装置清洗等。

二、清洗要求

（1）拌料盆　清水冲洗干净。
（2）粉碎机　毛刷刷干净，无异物残留。
（3）糖化锅　清水冲洗干净，内部无异味。
（4）过滤槽　清水冲洗干净，内部无异味。
（5）发酵罐　碱洗工艺。
（6）输送酒、食品管道　碱洗工艺。
（7）二氧化碳管道　灌满75%酒精消毒
（8）装酒容器　50mg/L二氧化氯或80℃以上热水消毒。
（9）管接头阀门和排气阀　80℃以上热水或75%酒精消毒。

三、清洗工艺

（一）发酵罐碱洗工艺

第一步：清水将发酵罐内部冲洗干净（无泡沫，清水进罐前温度同出罐口温度偏差小于0.5℃）。

第二步：排空罐内清水（排空前要卸掉连接上部阀门的清水管，打开阀门让其自然流空）。

第三步：热碱从发酵罐上部进入冲洗15min，分两次清洗，发酵罐压力表不得大于0.1MPa，并在带压情况下对发酵罐酒头清洗，酒头清洗顺序为在全开酒头三个阀门情况下，依次由内到外开关三个阀门各20次。

第四步：排掉发酵罐内部压力，从发酵罐底部打入热碱液，打满后浸泡10min以上；如有两根以上软管，可将热碱液从发酵罐上部打入，下部用软管连到进入糖化锅的管路上，用泵打循环刷洗30min以上，使用此方法切记要观察发酵罐压力不得超过0.2MPa，同时软管接头要扎紧，避免管子憋烂伤人。

第五步：放掉罐内热碱后，上下阀门全开控干发酵罐内残余碱液。

第六步：热水从发酵罐顶部打入，从罐底阀门排出热水不带碱时（手摸不滑手，pH试纸检测小于8）关闭罐底阀门，冲10~15min，带压情况下对酒头清洗，清洗方法同第三步酒头清洗方法。

第七步：排掉罐内热水，上下阀门打开安上酒精棉（75%酒精浸泡过的）要求酒精棉尽可能塞紧，能通气。

第八步：洗罢的发酵罐16h后上下阀门关闭，洗好的罐24h内可以使用，超过24h需要用80℃以上热水重新消毒。

（二）食品白管碱洗

在清洗发酵罐过程中连接碱清洗时即达到相应的碱洗效果。

（三）酒精消毒

接冷麦汁和发酵罐背压时需要对管道接头阀门内外消毒，使用75%酒精棉擦拭消毒，对无法擦拭的可用75%酒精浸泡消毒，或用酒精棉点燃灼烧灭菌。但首先要保证在酒精消毒前需要消毒的对象内外表面干净，而后才能消毒。

（四）二氧化氯消毒

二氧化氯消毒的浓度为50mg/L，消毒对象：啤酒盛装容器，操作人员手。

（五）各种清洗消毒需要的参数（表7-1）

表7-1　各种清洗消毒需要的参数

清洗消毒介质	温度/℃	浓度/%	时间/min	备注
碱液	80	1.2	15、10~15	消毒对象：发酵罐
	85	1.0	15、10~15	冲洗15min，浸泡10~15min
	90	0.8	15、10~15	
热水	80~85	—	15	消毒对象：发酵罐
酒精	—	75	0.5	消毒对象：管头、阀门、二氧化碳气管
二氧化氯	—	50mg/L	15	消毒对象：灌装容器、手消毒
热麦汁	100	—	10	消毒对象：输送麦汁用食品管

第三节　糖化

糖化工段分为多个步骤：原料粉碎、投料、糖化、过滤、煮沸、冷却、添加酵母和充氧。

一、原料粉碎

（1）品尝的麦芽应有麦芽香味和麦芽糖的甜味，说明麦芽质量正常。

（2）根据不同麦汁需要添加的麦芽数量来称量大麦芽、特种麦芽。

（3）按照20kg大麦芽添加1kg 50~55℃水的比例浸润，拌料要均匀，用牙咬皮韧。

（4）粉料前用少许麦芽调试磨盘间隙，保证粉碎后“皮破而不碎”。

（5）粉料过程中检查粉料效果，注意不得堵塞出料口。

（6）粉料后将料口扎住，准备投料。

二、投料

（1）投料水对应原料比例按照1∶（4.5~5）比例加投料水（例如100kg原料加水450~500L）。

（2）投料水升至52℃投料（在泵工作情况下投料）。

三、糖化

（1）糖化阶段工艺　52℃（静置1h）→升温至62℃（静置保温1h）→升温至68℃（静置保温50min）→升温至78℃。

（2）注意　升温前30s再开加热，温度升到工艺要求后先停止加热，然后30s关泵，焦香麦芽在62℃升68℃时加入，68℃糖化终了拨开麦汁表面皮壳，检测麦汁液面是否清亮，若清亮正常升温，否则继续保温，或者做“碘反应”检测，具体方法是用不锈钢棒插入麦糟中将带出的麦汁滴在白瓷盘上，滴0.2%的碘液，如果变蓝色说明没有糖化完全，需要继续保温，如果呈碘液的颜色，说明糖化完全，可正常升温。

四、过滤

（1）终止糖化的醪液打入过滤槽，清洗干净管道、泵和糖化锅后，开始回流，回流清亮后，过滤至糖化锅，流速控制在每小时满锅容量的2/5，当全部淹没加热管且往上2cm后方可开启加热进行升温。

（2）糟层露出后开始洗糟，洗糟水为原麦汁量的15%~20%。

（3）洗糟水加入后用耙子进行搅拌，混合水和麦糟充分混合。

（4）回流清澈开始过滤，过滤至满锅，停止过滤。

五、煮沸

（1）麦汁过滤到满锅容量后，当煮沸锅温度（实际温度）达到99℃时关闭一相线，防止溢锅。

（2）煮沸锅液体大翻滚，添加相应的苦花，倒计时30min。

（3）当倒计时至10min前，让热麦汁对管道消毒12s。

（4）对管道杀菌12s后，将管内部麦汁排空，在管头堵上酒精棉，将发酵罐底进出液阀门内表面的密封圈丝扣由内而外用75%酒精消毒，而后将塞住脱脂棉一侧管道连接到罐底阀门上（连接之前将脱脂棉去掉，点燃酒精棉灼烧后安上）。

（5）称量需要量的香花，在倒计时为0min时添加香花于煮沸锅里，煮沸5min，关闭加热。

六、冷却

（1）关闭加热后，连接罐体外冷却进水管和出水管，关闭投料头，将用热水消过毒的毛巾搭在料口盖上，保证毛巾将料口全部盖上。

（2）开冷却水，每20min开水泵搅拌麦汁一次，开泵时间5s。

（3）当麦汁温度降至35~30℃时，关闭冷却水。

七、添加酵母

（1）用75%酒精棉将盛酵母的杯子由内向外擦拭消毒，将天平的桌面和剪刀，酵母袋，托盘，操作人员的手用75%酒精消毒。

（2）称取工艺要求量的酵母于杯中，开泵，将投料口打开一小口，将酵母均匀地加入冷麦汁中，关闭投料口，盖上消毒毛巾。

八、充氧

（1）让泵循环至视镜出现泡沫，静置5min。

（2）静置5min后，开泵至视镜出现泡沫静置7min。

（3）将阀门调至关闭中下横管位置，打开发酵罐底阀门，开泵将麦汁打入发酵罐，若出现漩涡抽空时，将阀门关闭至竖管位置，关泵，停留3min，将阀门调至关闭中下横管位置，开泵将麦汁打入发酵罐，当发酵罐上端阀门没有排气情况，听到糖化锅内持续的抽空声时说明麦汁已经抽空，调整阀门至关闭竖管位置，关泵。关闭发酵罐底部阀门，关闭发酵罐上部阀门。

（4）将发酵罐底部阀门清理干净，并用酒精消毒堵上酒精棉，将发酵罐上部阀门用酒精消毒，堵上酒精棉，要求松紧适宜，并将阀门开50%，保证阀门排气通畅，但不能让杂气不经过酒精棉吸入发酵罐。

第四节 发酵及灌装

一、发酵罐温度控制

（1）夏季、秋季发酵罐温控仪温度调至20.5℃，温控仪上限20.5℃，下限19.5℃。

（2）冬季、春季发酵罐温控仪温度调至21.5℃，温控仪上限21.5℃，下限20.5℃。

（3）温度仪校正，将发酵罐温度调整至40℃，调至测量位置，用0~50℃玻璃水银温度计测量自来水温，再用发酵罐温度探头测量自来水温，依玻璃水银温度计为准，修正发酵罐温度偏差，例如，水银温度计显示25℃，发酵罐探头温度23℃，那么探头偏差-2℃，若要设定18℃时，就要设定为18+（-2℃）= 16℃。

二、自动排气阀安装

（1）麦汁进入发酵罐18~24h，安装自动排气阀。

（2）安装自动排气阀前要将自动排气阀密封检查到位，不得缺失，用清水冲洗干净后，用热水浸泡20min，将发酵罐顶部阀门关闭，用酒精消毒后，将消过毒且控干水的自动排气阀安装在上部阀门上，上部阀门全开。

三、发酵罐降温

（一）发酵罐降温判定方法

（1）根据糖度测量值判断，当糖度降至下表对应原麦汁对应的外观糖度范围时可降温（表7-2）。

表7-2　　通过不同原麦汁浓度对应的外观糖度来降温

原麦汁浓度/°P	外观糖度/°P
10	2.6~2.9
11	2.7~3
12	2.7~3.2
13	3.3~3.6
14	3.5~3.8

测量糖度时，首先将酒头酒液排出200mL（500L发酵罐），用两个1L塑料量杯对倒40次，除气后测量糖度，糖度计首先要擦干净。

（2）口品尝，排掉发酵液200mL，而后取发酵液品尝，若发酵液入口无甜味，回味也无甜味可以降温，若入口无甜味，回味有轻微甜味可以降温，若入口无甜味，回味少许甜味也可以降温，若入口有明显甜味应降温至10℃，停留5~12h，而后降温至2℃。

（3）另外一种情况，若客户喜欢黏稠的略微带甜的酒可以将糖度升高到0.3°P，或发酵罐发酵至3d后品尝，若入口不甜，回味发甜方可降温。但温度达到10℃停留一个小时后降至2℃。

四、排酵母

（1）发酵罐降至2℃开始排酵母。

（2）排酵母采用“多次慢排，每次少排”的方法，500L发酵罐不得少于3次（每天一次），1000L不得少于6次（每2d排一次），直到基本没有酵母为止。

五、灌装

（1）若灌装直接饮用，可以直接用冲洗干净的杯子盛酒即可。

（2）若外卖用桶装，桶需要用热水消毒，或用50mg/L的二氧化氯溶液浸泡消毒，而后用0.5~2mg/L二氧化氯无菌水冲洗干净容器，再用消过毒的分配器或消过毒的龙头灌装。

（3）龙头消毒用酒精擦拭消毒，用发酵罐罐底阀门连接分配器灌装时，首先将其阀门内外表面和分配器管道消毒，而后用无菌水消毒，也可以用热水对阀门和管道分配器消毒。

第五节　设备常见故障及排除方法

一、糖化罐

糖化罐常见故障、原因及排除方法见表7-3。

表7-3　　糖化罐常见故障、原因及排除方法

糖化罐故障	故障原因	排除方法
水或料搅拌不开	阀门没有开顺、电机反转	开顺阀门、电机三相电源任意两个线头对调
泵下面漏水	密封垫破了	更换密封垫
管路接头漏水	密封垫不紧	拧紧密封垫
电机声音异常	缺相	马上停机，三相电源接好
加热温度不升	加热管坏了、断电	更换加热管 接好电源

二、发酵罐

发酵罐常见故障、原因及排除方法见表7-4。

表7-4　　发酵罐常见故障、原因及排除方法

发酵罐故障	故障原因	排除方法
漏压	阀门松了、阀门漏气	拧紧阀门、更换阀门
温度降不下来	压缩机坏了、风机坏了、制冷剂漏了	更换压缩机、更换风机、加入制冷剂
温度表不显示温度	温度表坏了	更换温度表

第八章

精酿啤酒实践操作

实践课一 啤酒设备的清洗与消毒

实践课二 酵母菌回收、活化与扩培

实践课三 几种典型风格精酿啤酒的酿造

实践课四 精酿啤酒品评

实践课五 精酿啤酒新品种开发

实践课一　啤酒设备的清洗与消毒

一、清洗与消毒的重要性

啤酒生产“三分工艺、七分卫生”，生产设备的卫生对于啤酒质量的影响非常大。如果设备清洗与消毒不彻底，麦汁和发酵液就会增加染菌的几率，轻则酒液风味变差，重则酒液酸败变质，造成巨大损失。

二、啤酒设备清洗与消毒的标准

啤酒设备清洗必须达到容器或管道内壁干净，无污垢或附着物。设备管道消毒后，刷洗水卫生检验达到菌落数<5 个/mL，大肠菌群不得检出。

三、设备清洗消毒工艺

（一）糖化容器及管路刷洗

（1）每次停产开工前，糖化系统容器及相应管路用温度 80℃以上，浓度 2%~3%的碱液彻底刷洗，单容器刷洗时间 30~50min，碱液回收后用温度 80℃以上的热水冲至中性（pH 试纸检测）。

（2）连续生产中，可单独刷洗煮沸锅和过滤槽，每生产 18~20 锅，用浓度 3%~5%的碱液对煮沸锅加热器煮沸 30min，同时用热火碱溶液浸泡刷洗酒花添加器，后用清水冲洗干净；每生产 36~40 锅，过滤槽用温度 75~78℃，浓度 2%~3%的碱液冲洗浸泡 60min，后用温度 75~78℃的热水冲洗至中性。

（3）每次生产结束停产前，对糖化容器及管路用温度 80℃以上，浓度 2%~3%的碱液彻底刷洗，后用温度 80℃以上的热水冲洗至中性停产时间不超过 3d，再生产时用温度 80℃以上的热水冲洗一遍，停产时间超过 3d 执行第（1）条要求。

（二）麦汁冷却器及麦汁输送管路刷洗

（1）每次停产时间超过 3d，开工前，麦汁冷却器及麦汁管路（包括管路上的取样阀、压力表连接管）用温度 80℃以上，浓度 2%~3%的碱液循环刷洗 20~30min，后用温度 80℃以上的热水冲至中性，间隔 4h 后，再用热水 20~30min 进行间歇杀菌。

（2）麦汁冷却器及麦汁管路（包括管路上的取样阀、压力表连接管）在发酵罐进第一锅麦汁前用温度 80℃以上，浓度 2%~3%的碱液循环刷洗 20~30min，后用温度 80℃以上热水冲洗至中性（用 pH 试纸检测）。

（3）每锅冷却前，麦汁冷却器及麦汁管路（包括管路上的取样阀、压力表）用温度 80℃以上热水冲洗 20~30min；每锅冷却后，麦汁冷却器及麦汁管路（包括管路上的取样阀、压力表连接管）用温度 80℃以上热水冲洗干净。正常生产时，每月对麦汁冷却器麦汁通道及管道用浓度 5%以上的磷酸溶液循环酸洗 30min。

（4）依据冷却速度的变化，麦汁冷却器冰水面可以每生产 50~80 批用 10%~15%的磷酸溶液浸泡刷洗 24h 以上，后用水冲洗干净。

（三）发酵工序设备及管路清洗消毒

1. 发酵罐刷洗

（1）执行“罐空即刷”的原则。如发酵罐空罐刷洗后超过一个星期未用或刷洗后检出有细菌超标的，需重新按刷罐工艺进行刷洗；发酵罐每半年用灭菌剂泡罐一次，每年打开检查内壁及洗罐器一次。

（2）发酵罐刷洗规程

CIP1：清水冲洗 20min→1.5%的冷碱液（加入 0.2%的火碱添加剂 Divo36）喷淋刷洗 5min 静置 20min 后排掉→清水冲洗 10min→双效清洗剂循环 60min→无菌水冲洗 5min，保压备用。

CIP2：（30~35℃）热水冲洗至排出水无杂质→1.0%~1.5%硝酸溶液循环冲洗 6~8h→30~35℃热水冲洗 15~20min。

CIP3：清水冲洗 20min→温度 70~80℃，浓度 3%以上的碱液（每刷一个发酵罐加入洗瓶添加剂 2kg）刷洗 60min→无菌水冲洗干净，保压备用。

（3）发酵罐每年淡季停产后按 CIP2 工艺规程刷洗一次，使用 CIP2 工艺刷洗完后，用前再按 CIP1 或 CIP3 工艺规程刷洗后方可使用。

注：刷罐时发酵罐必须保持正压。

2. 发酵罐锥底排污阀与取样阀及管道卫生

发酵罐在进行刷洗消毒过程中，罐体取样阀和罐底排污阀应全部打开冲洗消毒 5~10min。取样阀在取完样后立即用 75%的酒精棉球擦拭干净，再用洁净的酒精棉球塞住取样阀出口后用堵头密封（取样阀不允许有渗漏现象）。

3. 软管道杀菌

管道使用前，用蒸汽杀菌 30min 或使用温度 80℃以上热水冲洗杀菌 20~30min。扩培软管道在扩培期间不用时，用灭菌剂灌满浸泡，所有与麦汁和酒液接触的软管道，超过三天不用时，用灭菌剂灌满浸泡，每半年拉刷一次。

（四）滤酒工序设备及管路清洗消毒

1. 刷洗规程

CIP1：清水冲洗 20min→温度 70~80℃，浓度 8%以上的碱液刷洗 60min→无菌水冲 10~20min（中性且无杂质）。

CIP2：清水冲 10~15min→浓度 2.0%~3.0%的酸性清洗剂循环冲洗 30~40min→温度 80℃以上热水冲洗 20~30min（中性）。

CIP3：无菌水冲 10~20min（无泡且无杂质）。

2. 清酒罐刷洗

采取“罐空即刷”原则。连续使用时，可使用 CIP3 工艺规程刷洗，每月用 CIP1 工艺规程刷洗一次，每年用 CIP2 工艺规程刷洗一次。清酒罐每年至少打开检查罐壁及洗罐器一次。

3. 拌土罐及滤酒管道的刷洗

每次停产时，用清水将清酒过滤机冲洗干净；连续生产时，每月用 CIP1 工艺刷洗一次，每年用 CIP2 工艺刷洗一次。设备停用三天以上时间开始使用前用 CIP1 工艺刷洗。

4. 清酒过滤机

每次生产结束后，用清水冲洗干净；连续生产时，每周用温度 80℃以上热水冲洗 20min；间断生产时，生产前用 CIP1 工艺规程刷洗一次。

（五）灌装工序设备及管路清洗消毒

1. 洗瓶机的刷洗

（1）每天工作完毕，将预浸槽内的水放掉，清除杂物后重新换水。

（2）使用毛瓶量每天超过 25t 清酒时，将温水槽、热水槽的水放掉，清除杂物后重新换水。

（3）洗涤液连续使用不得超过一周。

（4）洗瓶机喷管、喷嘴每天刷洗疏通；每班次检查瓶筐和喷嘴的位置，及时调整喷冲方向对正；每班次及时刷洗漏网。

2. 杀菌机的刷洗

（1）杀菌机各水箱连续生产 2d 须清除杂物、清理过滤器、换水。

（2）经常检查和疏通杀菌喷淋管，发现堵塞、歪斜及时更换和调整，保证喷淋畅通。

（3）每周刷洗喷淋管，保持喷管畅通。

（4）每周进行一次大刷洗、大检查，高温区、杀菌区用60℃以上的热水串洗杀菌机30min以上。

3. 装酒机的刷洗

（1）日常刷洗

①每日班后用喷淋水或人工刷净机身、压盖机头、星轮、链道；用压缩空气吹净瓶盖添加料仓。

②每日生产后将输酒管路和酒缸用清水冲洗至无泡沫，然后用80~90℃的热水冲洗20min，冲洗水须清亮无明显悬浮物且中性，第二天输酒再用自来水冲洗清酒管路5~10min。

③每日生产后拆洗袋式过滤器，用水冲净滤袋或更换备用滤袋，滤袋用前须用85~90℃的热水浸泡杀菌20min。

④酒针使用前用85~90℃的热水或2%~3%的灭菌剂浸泡20min以上。

（2）大刷洗

①每周或停产2d以上至少要进行一次大刷洗。

②输酒管路用自来水冲洗至无泡沫后，用5%~8%的80℃以上碱液循环冲刷60~90min，最后用80℃以上热水冲洗30min以上至冲洗水清亮无明显悬浮物和呈中性（pH试纸测试）。

③拆洗酒针，用85~90℃的热水或2%~3%的灭菌剂浸泡40min以上。

④每年打开酒缸封盖，人工刷洗一次酒缸。

⑤拆洗袋式过滤器用水冲净滤袋或更换备用滤袋，滤袋用前须用85~90℃的热水浸泡杀菌20min。

⑥人工刷洗机身、压盖机头、星轮和链道先用水冲洗，后用90℃、2%~3%的碱液进行表面杀菌。

⑦瓶盖添加料仓用75%的酒精擦洗后再用压缩空气吹净。

四、设备清洗消毒规程

以南阳市京德啤酒技术开发有限公司的精酿啤酒设备为例，说明精酿啤酒设备清洗消毒规程。

（一）设备清洗

设备清洗包括粉料用盆清洗、粉碎机清洗、糖化锅清洗、过滤槽清洗、发酵罐清洗、测量装置清洗等。

表 8-1　　清洗要求

序号	设备或辅助配件	清洗工艺
1	拌料盆	清水冲干净
2	粉碎机	毛刷刷干净，无异物残留
3	糖化锅	清水冲干净，内部无异味
4	过滤槽	
5	发酵罐	碱洗工艺
6	食品管（白管）	碱洗工艺
7	二氧化碳气管	灌满 75%酒精消毒
8	装酒容器	50mg/L 二氧化氯或 80℃以上热水消毒
9	管接头阀门等	75%酒精泡消毒或 80℃以上热水消毒

（二）清洗工艺

1. 发酵罐碱洗工艺

第一步：清水将发酵罐内部冲洗干净（无泡沫，清水进罐前温度同出罐口温度，偏差小于 0.5℃）。

第二步：排空罐内清水（排空前要卸掉连接上部阀门的清水管，打开阀门让其自然流空）。

第三步：热碱从发酵罐上部进入冲洗 15min，分两次清洗，发酵罐压力表不得大于 0.1MPa，并在带压情况下对发酵罐酒头清洗，酒头清洗顺序为在全开酒头 3 个阀门情况下，依次由内到外开关 3 个阀门各 20 次。

第四步：排掉发酵罐内部压力，从发酵罐底部打入热碱液，打满后浸泡 10min 以上；如有两根以上软管，可将热碱液从发酵罐上部打入，下部用软管连到进入糖化锅的管路上，用泵打循环刷洗 30min 以上，使用此方法切记要观察发酵罐压力不得超过 0.2MPa，同时软管接头要扎紧，避免管子憋烂伤人。

第五步：放掉罐内热碱后，上下阀门全开控干发酵罐内残余碱液。

第六步：热水从发酵罐顶部打入，从罐底阀门排出热水不带碱时（手摸不滑手，pH 试纸检测小于 8）关闭罐底阀门，冲 10～15min，带压情况下对酒头清洗，清洗方法同第三步酒头清洗方法。

第七步：排掉罐内热水，上下阀门打开安上酒精棉（75%酒精浸泡过的）要求酒精棉松紧适宜，能通气。

第八步：洗罢的发酵罐 16h 后上下阀门关闭，洗好的罐 24h 内可以使用，超过 24h

需要用 80℃以上热水重新消毒。

2. 食品白管碱洗

在清洗发酵罐过程中连接碱清洗时即达到相应的碱洗效果。

3. 酒精消毒

接冷麦汁和发酵罐背压时需要对管道接头阀门内外消毒，使用 75%酒精棉擦拭消毒，对无法擦拭的可用 75%酒精浸泡消毒，或用酒精棉点燃灼烧灭菌。但首先要保证在酒精消毒前保证需要消毒的对象内外表面干净，而后才能消毒。

实践课二　酵母菌回收、活化与扩培

一、酵母回收的原则

“越早越好”，这样做一方面让酵母尽快与酒液分离，另一方面还可充分保持酵母的活性。

二、酵母回收的时机

因酵母凝聚性不同而不同，凝聚性强的酵母通常在发酵罐升压 48h 后就可回收，凝聚性弱的酵母通常是在双乙酰还原结束后开始回收酵母。

三、回收前的准备工作

首先要把酵母暂存罐用 80℃热水彻底刷洗干净，然后用无菌空气背压至 0.2~0.3MPa，降温至 7~8℃，回收时，暂存罐压力略低于发酵罐压力，暂存罐缓慢排压以防止酵母突然减压细胞壁破裂。

四、回收酵母

“掐头去尾，取中间”。应尽量取中间较白的部分。回收完毕后缓慢降温到 4℃左右，以备下次使用，在酵母罐保存的时间不得超过 36h。

五、酵母的活化

酵母的活化是指将活力差的菌种通过一定方法恢复其活性的过程。

六、酵母的活化分类

酵母的活化可分为原菌种的活化和干酵母的活化。

七、原菌种的活化方法

活化主要是将菌种从冰箱中拿出挑取一环置于灭菌的麦芽汁中培养36~48h再接小试管开始扩培。

八、精酿用干酵母的活化方法

将干酵母置于数倍体积的灭菌弱麦汁或无菌水中30~60min，即可使用。

九、酵母的扩培

（一）酵母扩大培养的目的

啤酒酵母扩大培养是指从斜面种子到生产所用的种子的培养过程。酵母扩培的目的是及时向生产中提供足够量的优良、强壮的酵母菌种，以保证正常生产的进行和获得良好的啤酒质量。一般把酵母扩大培养过程分为两个阶段：实验室扩大培养阶段（由斜面试管逐步扩大到卡氏罐菌种）和生产现场扩大培养阶段（由卡氏罐逐步扩大到酵母繁殖罐中的零代酵母）。扩培过程中要求严格无菌操作，避免污染杂菌，接种量要适当。

（二）啤酒酵母扩大培养的方法

1. 实验室扩大培养阶段（示例）

斜面原菌种→斜面活化，25℃，3~4d→10mL液体试管，25℃，24~36h→300mL培养瓶，3℃，24h→3000mL培养瓶，20℃，24~36h→25L卡氏罐

2. 生产现场扩大培养阶段

25L卡氏罐→300L汉生罐，14~16℃，2d→3000L培养罐，12~14℃，2d→10m^{3}培养罐，10~

12℃，2d→20m^3 繁殖罐，9~11℃，10d→0 代酵母

（三）酵母扩培要求

酵母扩培是基础，只有培养出来高质量的酵母，才能生产出好的啤酒。扩培必须保证两点：

（1）原菌种的性状要优良。

（2）扩培出来的酵母要强壮无污染。

扩培在实验室阶段，由于采用无菌操作，只要能遵守操作技术和工艺规定，很少出现杂菌污染现象。进入车间后，如卫生条件控制不好，往往会出现染菌现象，所以扩培人员首先无菌意识要强，凡是接种、麦汁追加过程所要经过的管路、阀门必须用热水或蒸汽彻底灭菌，室内的空气、地面、墙壁也要定期消毒或杀菌，通风供氧用的压缩空气也必须经过 0.2μm 的膜过滤之后才能使用。同时充氧量要适量，充氧不足酵母生长缓慢，充氧过度会造成酵母细胞呼吸酶活性太强，酵母繁殖量过大对后期的发酵不利。一般扩培酵母在进入培养罐前每天要通氧 3 次，每次 20min。发酵后的培养，要求麦汁中溶解氧 9mg/L 左右。最后，每一批扩培的同时还应对酵母的发酵度、发酵力、双乙酰峰值、死灭温度等指标进行检测，以便及时、正确掌握酵母在使用过程中的各种性状是否有新的变化。

实践课三　几种典型风格精酿啤酒的酿造

一、小麦啤酒

（一）产品指标

数量：100L。

浓度：12.0°P。

麦汁苦味值：10IBU。

色度：10EBC。

酒精度：>5%。

外观发酵度：75%。

（二）原料配比（表 8-2，表 8-3）

表 8-2 小麦啤酒麦芽使用情况

原料名称	原料用量	浸出率	色度
大麦芽	14kg	80%	4.5EBC
小麦芽	6kg	82%	6.5EBC
合计	20kg	—	—

表 8-3 小麦啤酒花使用情况

酒花名称	α-酸/%	煮沸时间	添加量/（g/hL）
佩勒	7%	初沸	45
萨兹	3.6%	结束前 5min	55
合计	—	60min	100

注： hL 为百升。

（三）糖化工艺及条件

糖化水量：90L。

洗糟水量：35L。

45℃投料（保温 30min）→63℃（保温 40min）→72℃（保温 20min）碘检→78℃→过滤

（四）发酵工艺及条件

发酵液苦味值：10IBU。

酒精度：>5.0%。

外观发酵度：>75%。

（1）麦汁冷却至 20~25℃进罐，满罐后设置发酵温度为 19~20℃。

（2）当外观浓度降至 4.5°P 时封罐，使罐内自然升压至 0.12~0.16MPa。

（3）双乙酰降至≤0.08mg/L 且尝无双乙酰味时，开始阶段降温至 2℃贮酒。

（4）采用慕尼黑传统小麦啤酒专用酵母 50g，满罐酵母数控制在（5~10）$\times 10^6$ 个/L。

二、牛奶世涛

（一）产品指标

数量：100L。

浓度：14.0°P。

麦汁苦味值：20IBU。

色度：40EBC。

酒精度：>5%。

外观发酵度：70%。

（二）原料配比（表 8-4，表 8-5）

表 8-4 牛奶世涛麦芽使用情况

原料名称	原料用量	浸出率	色度
大麦芽	14kg	80%	4.5EBC
深色焦香麦芽	3kg	75%	300EBC
咖啡麦芽	1.8kg	72%	350EBC
黑麦芽	1kg	70%	900EBC
乳糖	2.2kg	—	—
合计	22kg	—	—

表 8-5 牛奶世涛酒花使用情况

酒花名称	α-酸/%	煮沸时间	添加量/（g/hL）
佩勒	7%	初沸	100
萨兹	3.6%	结束前 5min	50
合计	—	60min	150

（三）糖化工艺及条件

糖化水量：75L。

洗糟水量：50L。

67℃（保温 90min）碘检→78℃→过滤

（四）发酵工艺及条件

发酵液苦味值：20IBU。

酒精度：>5.0%。

外观发酵度：>70%。

（1）麦汁冷却至 20~25℃进罐，满罐后设置发酵温度为 19~20℃。

（2）当外观浓度降至 7.5°P 时封罐，使罐内自然升压至 0.12~0.16MPa。

（3）双乙酰降至≤0.08mg/L 且尝无双乙酰味时，开始阶段降温至2℃贮酒。

（4）采用诺丁汉酵母 50g，满罐酵母数控制在（5~10）$\times10^6$ 个/L。

三、 IPA

（一）产品指标

数量：100L。

浓度：13.0°P。

麦汁苦味值：45IBU。

色度：20EBC。

酒精度：>5%。

外观发酵度：75%。

（二）原料配比（表 8-6，表 8-7）

表 8-6　　美式 IPA 麦芽使用情况

原料名称	原料用量/kg	浸出率	色度
大麦芽	18	80%	4.5EBC
小麦芽	1	82%	6.5EBC
结晶麦芽	2	75%	300EBC
合计	21	—	—

表 8-7　　美式 IPA 酒花使用情况

酒花名称	α-酸/%	煮沸时间	添加量/（g/hL）
佩勒	7%	初沸	130
佩勒	7%	结束前 30min	100
卡斯卡特	6.5%	结束前 5min	100
卡斯卡特	6.5%	干投	250
合计	—	60min	580

（三）糖化工艺及条件

糖化水量：85L。

洗糟水量：45L。

52℃投料（保温 30min）→64℃（保温 40min）→72℃（保温 20min）碘检→78℃→过滤

（四）发酵工艺及条件

发酵液苦味值：45IBU。

酒精度：>5.0%。

外观发酵度：>75%。

（1）麦汁冷却至 20~25℃进罐，满罐后设置发酵温度为 20℃。

（2）当外观浓度降至 5°P 时干投卡斯卡特 250g，然后封罐，使罐内自然升压至 0.12~0.16MPa。

（3）双乙酰降至≤0.08mg/L 且尝无双乙酰味时，开始阶段降温至 2℃贮酒。

（4）采用诺丁汉酵母 50g，满罐酵母数控制在（5~10）$\times 10^6$ 个/L。

四、水蜜桃果啤

（一）产品指标

数量：100L。

浓度：11.0°P。

麦汁苦味值：5IBU。

色度：15EBC。

酒精度：>4%。

外观发酵度：75%。

（二）原料配比（表 8-8，表 8-9）

表 8-8　　水蜜桃果啤麦芽使用情况

原料名称	原料用量/kg	浸出率	色度
大麦芽	16	80%	4.5EBC
小麦芽	1.5	82%	6.5EBC
深色焦香麦芽	0.5	75%	300EBC
合计	18	—	—

表 8-9　　水蜜桃果啤酒花使用情况

酒花名称	α-酸/%	煮沸时间	添加量/（g/hL）
佩勒	7%	初沸	20
萨兹	3.6%	沸终前 5min	50
合计	—	60min	70

（三）糖化工艺及条件

糖化水量：80L。

洗糟水量：45L。

52℃投料（保温 30min）→62℃（保温 40min）→68℃（保温 20min）碘检→78℃→过滤

（四）发酵工艺及条件

发酵液苦味值：5IBU。

酒精度：>4.0%。

外观发酵度：>75%。

（1）麦汁冷却至 20~25℃进罐，满罐后设置发酵温度为 20℃。

（2）当外观浓度降至 4.0°P 时加入水蜜桃浓缩果汁 3L，然后封罐，使罐内自然升压至 0.12~0.16MPa。

（3）双乙酰降至≤0.08mg/L 且尝无双乙酰味时，开始阶段降温至 2℃贮酒。

（4）采用 VIC 果啤专用酵母 50g，满罐酵母数控制在（5~10）$\times 10^6$ 个/L。

实践课四　精酿啤酒品评

一般来说，精酿文化发展比较好的地区，会首先按照不同分类进行品鉴。比如要评的是 IPA（印度淡色爱尔）或者 Stout（世涛啤酒），分类完之后；拿到一款啤酒后，从排除法开始，大意是啤酒不该有的味道、香气，比如有日光臭（阳光照到透明啤酒瓶所产生的类似于臭鼬一样的臭味）、异戊酸（啤酒花坏掉产生的奶酪般的臭味）、金属臭（酿造过程中机器生锈或破碎产生的金属臭味）等，有的话就要标出来。然后根据啤酒分类再进一步排除，比如评比 Pale Ale（淡色爱尔啤酒），你拿个 Stout（世涛啤酒）来，那肯定也是要排除的。排除掉之后，剩下的就是大体上没问题的啤酒，对这些进一步进行品鉴。通常来说，最主流的分类是五个项目：Aroma（香气），Appearance（外观），

Taste（味道），Palate（口感），Overall（整体）每一个单项满分的数值，不同的比赛、标准有细微的差距。

一、香气（一般满分是 10 分）

其中香气主要评测项包括麦香、啤酒花香和其他香气，但是，并非麦香、啤酒花香越浓就得分越高，而是应该根据啤酒的特征来评比，比如，IPA（印度淡色爱尔啤酒），啤酒花香气越浓郁则应该得分越高，但是一瓶 Brown Ale（棕色爱尔啤酒）则应该啤酒花越淡得分越高。其他香气则比较多，比较常见的有水果香气、烘焙麦芽的香气、坚果的香气甚至于药草、花卉等小众味道。这些都算是加分项。

二、外观（一般满分是 5 分）

外观主要评测项包括颜色、泡沫和挂壁，同上，并非是颜色越重得分应该越高，而是应该根据啤酒的分类来，比如 Stout（世涛啤酒）、Porter（波特啤酒）就是越黑越好；比尔森则应该是越金黄越好；泡沫一般应该持久、不宜太厚或太薄，挂壁则是国人比较陌生的词，其英文原单词是 Lacing，大意是啤酒泡沫褪去后，留在杯子上的泡沫痕迹，像蕾丝边一样，越好看越好。

三、味道（一般满分是 20 分）

味道测评项比较多，主要就是麦芽味、酒花味、其他味道、平衡、后味等。这就要求品鉴人要很熟悉各类啤酒的味道。比如什么啤酒应该是麦芽味重，什么啤酒应该是啤酒花重，什么啤酒应该有果香；几种味道平衡得是否好，会不会过酸或过苦；后味是否绵长等。

四、口感（一般满分是 5 分）

这个比较简单，主要就是酒体强度、杀口感。

五、整体（一般满分是 10 分）

品鉴完之后，对其整体印象再进行一个打分。累计的总分就是一款啤酒的得分了。

六、啤酒品评训练

（一）稀释比较法

使用冷却的蒸馏水或无杂味的自来水，通入二氧化碳以排除空气，并溶入二氧化碳。将此水加入啤酒中，使之稀释 10%。将稀释的啤酒与未稀释的同一种啤酒装瓶，密封于暗处，存放过夜，使达平衡。然后进行品评。连续 3 天重复品评，将结果填入表内。

（二）甜度比较法

取定量纯蔗糖，全部溶解在一小部分啤酒中，并在不大量损失 CO_2 的条件下，与其他大部分啤酒混合，使其含糖浓度为 4g/L。事先告知有一种是加糖酒，连续品评 3 天，将结果填入表内。

（三）苦味比较法

在一部分啤酒中，加入 4mg/L 溶解于 90%乙醇的异 α-酸，使呈苦味，并将此处理过的啤酒放置过夜，然后如上所述品评，连续 3 天，将结果填入表中。

七、风味物质鉴别

用手轻轻摇动杯子，使气味散发，就势嗅闻气味；先小口细细品味，再大口让酒液充满口腔捕捉味道；每一个品种鉴别完后要用接近体温的水漱口。

表 8-10 常见啤酒风味物质的鉴别

序号	风味物质名称	风味物质特征
1	异戊醇	杂醇油味，令人厌恶的气味
2	双乙酰	奶油味、馊饭味
3	硫化氢	臭鸡蛋味
4	DMS	煮玉米味、葱蒜味
5	乙醛	青草味、生青味
6	4-乙烯基愈创木酚	小麦啤酒香、丁香味
7	金属味	铁腥味
8	反-2-壬烯醛	纸板味、氧化味
9	乙酸异戊酯	水果味、香蕉味

实践课五　精酿啤酒新品种开发

精酿啤酒新产品的研发是个系统的工程，笔者认为它既是酿酒师思想天马行空般艺术的体现，又要遵循精酿啤酒种类的一些典型风格，同时还要有工业啤酒新品研发的一些科学办法，三者缺一不可。

一、酿酒师思想艺术的体现

精酿啤酒口感极其丰富，原材料更可谓丰富多彩，麦芽、酒花、酵母的种类极大地丰富了口感，各种其他前端、后端的原材料都已经用在了啤酒的酿造中，如木桶、香料、各种瓜果蔬菜，甚至花椒、辣椒这些根本想不到的食材，可以说如今精酿啤酒原料，没有酿酒师做不到，只有消费者想不到的。精酿啤酒师就像一个摇滚音乐人一样，首先是一个艺术家，他们是通过啤酒来展示自己对世界的认知和表达。他们在酿酒的时候更多地是选择内心的需求，而不只是大众市场的需求。最后，他们像所有艺术家一样希望能够获得观众的认可。因此说一款精酿啤酒倾注了酿酒师的心血，是酿酒师思想艺术的体现一点都不为过。

二、一款精酿啤酒要有典型的风格

精酿啤酒的研发尽管可以天马行空地设计，但一定要有传统精酿典型的风格。比如，IPA、棕色爱尔、淡色爱尔、淡色拉格、深色拉格、比尔森、波特、世涛、博克、小麦、烈性爱尔、增味啤酒等。这些品种不管是美式，还是德式都有典型的风格，在掌握这种风格的前提下进行研发才不至于做成四不像。

三、精酿啤酒离不开科技研发

工业啤酒的新产品研发都有科学的研发流程以及完备的研发仪器。一款啤酒新产品研发首先要确定市场的需求，根据市场需求确定啤酒的风格；随后依据风格确定原料种类；然后确定基本参数，比如酒精度、原麦汁浓度、发酵度、苦味质、总酸、色度等，围绕这些基本参数设计酿造工艺；接着确定产品的生产设备及化验分析项目，最后通过小试、中试、大生产三级模式生产出成品。成品通过市场评价后方可推向市场。

四、精酿啤酒应该在三个方面有其独特之处

1. 原料

啤酒的基本原料：大麦麦芽、酒花、酵母和水。精酿啤酒应该在选料上对品质要求十分严苛但又在品种选择上灵活多变，不但不使用为了降低成本而替代大麦麦芽的大米、淀粉等，而且可以不断地打破常规，尝试不同原料与啤酒之间的搭配。为了生产出最高品质的瓶装精酿啤酒，在选择这些原料的来源上不能有太多迟疑，均应选用世界各地生产该种原料最好地区的产品。比如，大麦来自澳大利亚，由亚洲最大麦芽生产商加工而成；酒花来自美国雅基玛山谷；酵母来自比利时；水则来源于很适宜酿造、可直接净化后使用的深层矿泉水。

2. 配方生产工艺

精酿啤酒配方设计坚持大麦麦芽为主，配合具有特殊风味的原料（如，可以产生细腻奶油口感的烘烤大麦，应季的水果和南瓜等），除了我们在市面上可以经常喝到的拉格啤酒（下面发酵啤酒）以外，还有各种风味的爱尔啤酒（上面发酵啤酒）设计。酒精度普遍偏高，平均值在5%以上。生产工艺中因所需风味不同，而在糖化温控、煮沸时间、添加辅料和发酵温度等部分都有不同的设计。

3. 风味口感

因原料和生产工艺与市面上95%以上的啤酒均不同，所以精酿啤酒的风味口感更多，有的醇厚麦香味十足，有的充满花香果香，还有的好像喝焦苦的咖啡。有苦度极高的三料IPA，也有苦度很低的橘香小麦啤酒。

附录

中国酒业协会团体标准《工坊啤酒及其生产规范》

前言

1 范围

2 规范性引用文件

3 术语和定义

4 基本要求

5 选址及厂区环境

6 生产区域要求

7 设施与设备

8 卫生管理

9 原料、食品添加剂及其他

10 生产过程的安全控制

11 质量要求

12 检验

13 产品的贮存和运输

14 产品召回管理

15 培训

16 管理制度和人员

17 记录和文件管理

T/CBJ

团体标准

T/CBJ 3201—2019

工坊啤酒及其生产规范

Craft beer and its production specifications

2019-04-25 发布　2019-10-01 实施

中国酒业协会发布

目　次

前言

1　范围

2　规范性引用文件

3　术语和定义

4　基本要求

5　选址及厂区环境

6　生产区域要求

7　设施与设备

8　卫生管理

9　原料、食品添加剂及其他

10　生产过程的安全控制

11　质量要求

12　检验

13　产品的贮存和运输

14　产品召回管理

15　培训

16　管理制度和人员

17　记录和文件管理

前　言

本标准按照 GB/T 1.1—2009 给出的规则起草。

本标准由中国酒业协会提出。

本标准由中国酒业协会团体标准审查委员会归口。

本标准负责起草单位：中国酒业协会啤酒分会。

本标准参加起草单位：中国食品发酵工业研究院、华润雪花啤酒（中国）有限公司、青岛啤酒股份有限公司、百威投资（中国）有限公司、北京燕京啤酒股份有限公司、广州嘉士伯咨询管理有限公司、广州珠江啤酒股份有限公司、青岛市产品质量监督检验研究院、山东喜啤士生物科技有限公司、永顺泰麦芽（中国）有限公司、齐鲁工业大学生物工程学院、杭州千岛湖啤酒有限公司、优布劳（中国）精酿啤酒有限公司、大跃啤酒酿造（天津）有限公司、长春市精酿啤酒协会、南阳理工学院、南阳市京德啤酒技术开发有限公司、上海莱宝啤酒酿造有限公司、阿尔格（北京）科技有限公司、武汉市捌拾号啤酒有限公司、北京首酿金麦贸易有限公司

本标准主要起草人：何勇、张五九、王德良、郝建秦、元月、钟俊辉、董建军、刘素玲、吕彦东、林智平、王志斌、李环亭、李先年、韩永红、崔云前、郭泽峰、闫俊胜、高泰山、翁连海、郭书贤、仝奋飞、曹晖、黄涛、王帆、Alex Acker。

工坊啤酒及其生产规范

1 范围

本标准规定了工坊啤酒的生产及经营场所的基本要求、选址及厂区环境、生产区域要求、设施与设备、卫生管理、原料、食品添加剂及生产过程的安全控制、质量要求、检验、产品的贮存和运输、产品召回管理、培训、管理制度和人员、记录和文件管理。

本标准适用于工坊啤酒生产、经营，包括工厂、工坊、餐饮店、酒吧等。

2 规范性引用文件

下列文件对于本文件的应用是必不可少的。凡是注日期的引用文件，仅注日期的版本适用于本文件。凡是不注日期的引用文件，其最新版本（包括所有的修改单）适用于本文件。

GB/T 191 包装储运图示标志

GB 2758 食品安全国家标准发酵酒及其配制酒

GB 2760 食品安全国家标准食品添加剂使用标准

GB/T 4927 啤酒

GB 7718 食品安全国家标准预包装食品标签通则

GB 8952—2016 食品安全国家标准啤酒生产卫生规范

GB/14881 食品安全国家标准食品生产通用卫生规范

餐饮服务许可审查规范（国食药监［2010］236 号）

定量包装商品计量监督管理办法（国家质量监督检验检疫总局［2005］第 75 号令）

3 术语和定义

以下术语和定义适用于本文件。

3.1 工坊啤酒 craft beer

由小型啤酒生产线生产，且在酿造过程中，不添加与调整啤酒风味无关的物质，风味特点突出的啤酒。

3.2 啤酒工坊 beer brewpub

拥有小型啤酒生产线（糖化麦汁能力 10kL/批以下）、固定生产场所、即饮售卖场所和少数固定从业人员，依法取得食品经营许可证，从事小规模啤酒酿造、坊内销售，或可提供餐饮服务的经营单位。

3.3 工坊啤酒厂 craft beer brewery

拥有完整工坊啤酒酿造生产和辅助生产体系、固定生产场所和从业人员，专门从事啤酒生产加工且依法取得啤酒产品食品生产许可证（SC）的生产单位。

4 基本要求

4.1 生产资质

4.1.1 工坊啤酒生产企业应具备相应合法的营业执照。

4.1.2 具备啤酒生产和餐饮服务功能的工坊、餐饮店、酒吧还应取得食品经营许可证。

4.1.3 工坊啤酒厂应依法取得啤酒产品食品生产许可证（SC）。

4.2 人员资质

从业人员应具备本岗位所要求的专业知识和能力，并掌握相关设备的安全使用要求，持健康证及相关从业资格证上岗。

5 选址及厂区环境

5.1 工厂选址及环境

5.1.1 厂区不应选择对啤酒生产有显著污染的区域。如某地对食品安全和啤酒产品存在明显的不利影响，且无法通过采取措施加以改善，应避免在该地址建厂。

5.1.2 厂区不应选择有害废弃物以及粉尘、有害气体、放射性物质和其他扩散性污染源不能有效清除的地址。

5.1.3 厂区不宜选择易发生洪涝灾害的地区，难以避开时应设计必要的防范措施。

5.1.4 厂区周围不宜有虫害大量孳生的潜在场所，难以避开时应设计必要的防范措施。

5.2 啤酒工坊/餐饮店/酒吧选址及环境

5.2.1 应远离可能产生有毒、有害物质的工业企业地段。

5.2.2 应选择有给排水条件和电力供应的地区，不应选择对啤酒产品有显著污染的区域，远离污水池、暴露垃圾场（站）、旱厕等污染源。

5.2.3 应距离畜禽产品、水产品销售或加工场所10m以上，难以避开时应设计必要的防范措施。

5.2.4 生产区域、营业场所及办公生活要隔离分布。

5.2.5 营业场所设置、布局、分隔和面积应符合《餐饮服务许可审查规范》的规定。

6 生产区域要求

6.1 设计和布局

6.1.1 工坊啤酒厂

6.1.1.1 厂房和车间的内部设计和布局应满足啤酒生产操作要求，避免生产中发生交叉污染。

6.1.1.2 厂房和车间的设计应根据生产工艺合理布局，预防和降低产品受污染的风险。

6.1.1.3 厂房和车间应根据产品特点、生产工艺、生产特性以及生产过程对清洁程度的要求合理划分作业区，并采取有效分离或分隔。如：通常可划分为清洁作业区、准清洁作业区和一般作业区；或清洁作业区和一般作业区等。一般作业区应与其他作业区域分隔。

6.1.1.4 厂房内设置的检验室应与生产区域分隔。

6.1.1.5 厂房的面积和空间应与生产能力相适应，便于设备安置、清洁消毒、物料存储及人员操作。

6.1.2 啤酒工坊/餐饮店/酒吧要求

6.1.2.1 啤酒生产区域与餐饮场所、营业场所、办公场所要采取有效分隔（或分离）布局。

6.1.2.2 啤酒生产区域应与厨房、烹饪或其他食品加工的操作区分隔，应防止啤酒在酿造、冷贮、销售过程中的交叉污染，避免产品接触有毒物和不洁物。

6.2 建筑内部结构与材料

6.2.1 工坊啤酒厂

6.2.1.1 内部结构：建筑内部结构应易于维护、清洁或消毒。应采用适当的耐用材料建造。

6.2.1.2 顶棚

6.2.1.2.1 顶棚应使用无毒、无味、与生产需求相适应、易于观察清洁状况的材料建造；若直接在屋顶内层喷涂涂料作为顶棚，应使用无毒、无味、防霉、不易脱落、易于清洁的涂料。

6.2.1.2.2 顶棚应易于清洁、消毒，在结构上不利于冷凝水垂直滴下，防止虫害和霉菌滋生。

6.2.1.2.3 蒸汽、水、电等配件管路应避免设置于暴露食品的上方；如确需设置，应有能防止灰尘散落及水泊掉落的装置或措施。

6.2.1.3 墙壁

6.2.1.3.1 墙面、隔断应使用无毒、无味的防渗透材料建造，在操作高度范围内的墙面应光滑不易积累污垢且易于清洁；若使用涂料，应无毒、无味、防霉、不易脱落、易于清洁。

6.2.1.3.2 墙壁、隔断和地面交界处应结构合理、易于清洁，能有效避免污垢积存。例如设置漫弯形交界面等。

6.2.1.4 门窗

门窗应闭合严密。门的表面应平滑、防吸附、不渗透，并易于清洁、消毒。应使用不透水、坚固、不变形的材料制成。

6.2.1.5 地面

6.2.1.5.1 地面应使用无毒、无味、不渗透、耐腐蚀的材料建造。地面的结构应有利于排污和清洗的需要。

6.2.1.5.2 地面应平坦防滑、无裂缝、并易于清洁、消毒，并有适当的措施防止积水。

6.2.2 啤酒工坊/餐饮店/酒吧啤酒生产区域要求

6.2.2.1 地面应采用耐磨、不渗水、易清洁的材料，地面平整无裂缝。

6.2.2.2 墙面、隔断应使用无毒、无味的防渗透材料建造，在操作高度范围内的墙面应光滑、不易积累污垢且易于清洁；若使用涂料，应无毒、无味、防霉、不易脱落、易于清洁。

6.2.2.3 门窗户应采用表面平滑、防吸附、不渗透，易于清洁消毒的材料。

6.3 建筑设计要求

6.3.1 工坊啤酒厂

6.3.1.1 厂房和车间应合理划分作业区，可划分为清洁作业区、准清洁作业区和一般作业区

6.3.1.2 清洁作业区包括酵母扩培区（扩培工序全部在密闭罐及管道内进行的除外）、生（鲜）啤酒灌装间（区域）等。

6.3.1.3 准清洁作业区包括水处理区、糖化区、发酵区、过滤区、清酒区、采用自动灌装设备的熟啤酒灌装区、外包装区等。

6.3.1.4 一般作业区包括原辅料仓库、包装材料仓库、成品仓库、动力辅房等。

6.3.1.5 不同类型的啤酒灌装间（区域）应具备相应的环境杀菌设施，依据灌装设备配备的杀菌设施不同，可独立分隔或不分隔。

6.3.1.5.1 对于包含上瓶、洗瓶、灌装、封盖、杀菌、贴标、装箱等工序的啤酒自动连续灌装线，使用未经预洗的回收瓶时，洗瓶工序应与后续环节有效分隔，或者采取有效的防尘方法（如喷淋），以避免交叉污染。

6.3.1.5.2 对于包含清洗、消毒、备压、降温、灌酒、称重等工序的啤酒桶自动清洗灌装线，无需将洗瓶工序与后续环节分隔。

6.3.2 啤酒工坊/餐饮店/酒吧生产区域要求

生产区域应按生产工艺流程需要和卫生要求，有序、合理布局，避免原材料与啤酒产品之间交叉污染。

7 设施与设备

7.1 设施

7.1.1 工坊啤酒厂

7.1.1.1 通风设施

7.1.1.1.1 应具有适宜的自然通风或人工通风措施；必要时应通过自然通风或机械设施有效控制生产环境的温度和湿度。通风设施应避免空气从清洁度要求低的作业区域流向清洁度要求高的作业区域。

7.1.1.1.2 应合理设置进气口位置，进气口与排气口和户外垃圾有放装置等污染源保持适宜的距离和角度。进、排气口应装有防止虫害侵入的网罩等设施。通风排气设施应易于清洁、维修或更换。

7.1.1.1.3 压缩空气需进行过滤净化处理，应加装空气过滤装置并定期清洁。

7.1.1.1.4 投料间、粉碎间等粉尘较大位置，排风应通畅，满足防尘、防火、防爆等要求。

7.1.1.2 照明设施

7.1.1.2.1 厂房内应有充足的自然采光或人工照明，光泽和亮度应能满足生产和操作需要；光源应使食品呈现真实的颜色。

7.1.1.2.2 生产车间的照明设施，应使用安全型照明设施或采取防扩措施。

7.1.1.3 仓储设施

7.1.1.3.1 应具有与所生产产品的数量、贮存要求相适应的仓储设施。

7.1.1.3.2 仓库应以无毒、坚固的材料建成；仓库地面应平整，便于通风换气。仓库的设计应能易于维护和清洁，防止虫害藏匿，并应有防止虫害侵入的装置。

7.1.1.3.3 原料、半成品、成品、包装材料等应依据性质的不同分设贮存场所、或分区域码放，有明确标识，防止交叉污染。必要时仓库应设有温、湿度控制设施。

7.1.1.3.4 贮存物品应与墙壁、地面保持适当距离，以利于空气流通及物品搬运。

7.1.1.3.5 清洁剂、消毒剂、杀虫剂、润滑剂、燃料等物质应分别安全包装，明确标识，并应与原料、半成品、成品、包装材料等分隔放置。

7.1.1.4 温控设施

糖化、发酵、灌装过程中需配备温度调节设施，并配备温度监控装置，用以调节和监控温度，以满足生产要求。

7.1.2 啤酒工坊/餐饮店/酒吧要求

7.1.2.1　应有清洗、消毒用上下水设施。

7.1.2.2　应根据啤酒生产和销售的需要，在适当位置配备相适宜的洗手、消毒、照明、通风排水、温控等设施，并具备防尘、防蝇、防虫、防鼠以及存放垃圾和废弃物等保证生产经营场所卫生条件的设施。

7.1.2.3　相关设备和设施应符合安全生产要求，如照明用灯其应采用防爆型设施。

7.1.2.4　麦汁制备、发酵等加工区域，应符合下列要求

7.1.2.4.1　采用封闭式独立隔间。

7.1.2.4.2　内设手部清洗消毒用流动水池和消毒用品。

7.1.2.4.3　需有机械排风设施（或采用管道排放）、温度控制装置、空气消毒设施（如紫外线灯）、流动水源、工器具清洗消毒设施和冷藏设施。

7.1.2.4.4　酿造用水的水源、水处理剂、水处理设备、储水谷器及输水管道应符合国家相关规定。

7.1.2.5　废水排放应满足市政管网或当地规定的废水排放要求。

7.1.2.6　仓储要求

7.1.2.6.1　应有存放酒糟、碎玻璃瓶等废弃物的设备或设施。

7.1.2.6.2　原料贮存应按照原料性质分区域码放，并具有明确标识。

7.1.2.6.3　清洗剂、消毒剂、润滑剂等应安全包装，与原料分隔放置。

7.1.2.7　食品及器物用品储藏室设施，应满足环保节能、食品安全标准或要求，易于操作清理。

7.1.2.8　售酒容器，应满足食品安全标准或要求、使用安全要求以及易于清洗消毒等要求。

7.2　设备

7.2.1　生产设备

7.2.1.1　一般要求

应配备与生产能力相适应的生产设备，并按工艺流程有序排列。

7.2.1.2　材质

7.2.1.2.1　与原料、半成品、成品接触的设备与用具，应使用无毒、无味、抗腐蚀、不易脱落的材料制作，并应易于清洁和保养。

7.2.1.2.2　设备、工器具等与食品接触的表面应使用光滑、无吸收性、易于清洁保养和消毒的材料制成，在正常生产条件下不会与食品、清洁剂和消毒剂发生反应，并应保持完好无损。

7.2.1.3　设计

7.2.1.3.1　所有生产设备应从设计和结构上避免零件、金属碎屑、润滑油、或其他污染因素混入食品，并应易于清洁消毒、易于检查和维护，无卫生死角。

7.2.1.3.2　设备应不留空隙地固定在墙壁或地板上，或在安装时与地面和墙壁间保留足够空间。

7.2.2　监控设备

用于监测、控制、记录的设备，如压力表、温度计、记录仪等，应定期校准、维护。

7.2.3　设备的保养和维修

应建立设备保养和维修制度，加强设备的日常维护和保养，定期检修，及时记录。

8　卫生管理

8.1　卫生管理制度

8.1.1　工坊啤酒厂

8.1.1.1　应制定啤酒生产人员和生产卫生管理制度以及相应的考核标准，明确岗位职责，实行岗位责任制。

8.1.1.2　应建立对保证生产过程中食品安全具有显著意义的关键控制环节的监控制度，良好实施并定期检查，发现问题及时纠正。

8.1.1.3　应制定针对生产环境、人员、设备及设施等的卫生监控制度，确立内部监控的范围对象和频率。记录并存档监控结果，定期对执行情况和效果进行检查，发现问题及时整改。

8.1.1.4　应建立清洁消毒制度和清洁消毒用具管理制度。清洁消毒前后的设备和工器具其应分开放置妥善保管，避免交叉污染。

8.1.2　啤酒工坊/餐饮店/酒吧要求

8.1.2.1　应根据啤酒酿造的特点以及经营过程的卫生要求，建立对保证产品安全具有显著意义的关键控制环节的监控制度，确保有效实施并定期检查，发现问题及时纠正。

8.1.2.2　应制定针对经营环境、经营人员、设备及设施、原材料等的卫生监控制度，确立内部监控的范围、对象和频率。记录并存档监控结果，定期对执行情况和效果进行检查，发现问题及时纠正。

8.2　建筑、设施及人员的卫生管理

8.2.1　工器具存放

工器具应按类别存放在专用区域内。

8.2.2　环境清洁

8.2.2.1　生产环境（包括地面、排水沟、墙壁、天花板、门窗等）和设施应及时清洁，保持良好清洁状况。

8.2.2.2　工坊、餐饮店、酒吧的即饮售卖区域时刻保持操作台、售酒设备、售酒容器的清洁卫生；如有啤酒或异物遗洒，应及时清除，必要时进行消毒。

8.2.3　人员健康管理

生产及经营人员健康管理符合 GB 14881 相关要求。

8.2.4　生产及经营人员卫生要求

8.2.4.1　生产及经营人员使用卫生间、接触可能污染产品的物品后，再次从事接触产品、工具、容器、设备、包装材料等与经营相关的活动前，应洗手消毒。

8.2.4.2　生产及经营人员接触直接产品时应佩戴手套和帽子，餐饮等产品加工操作人员还应佩戴口罩。

8.2.4.3　操作人员进入生产场所应保持个人卫生和衣帽整洁，防止污染食品。

8.2.4.4　啤酒生产加工及即饮售卖过程中，操作人员不应饮食、吸烟、随地吐痰、乱扔废弃物、随意触碰私人物品（如手机等）。

8.2.5　外来人员卫生要求

来访者及非生产人员不得进入生产场所，特殊情况下进入时，应遵守和生产人员同样的卫生要求。

8.2.6　工作服管理

8.2.6.1　进入生产区域应穿着工作服

8.2.6.2　从事生产应有工作服，可根据生产要求配备如衣、裤、鞋靴、帽和发网、口罩、围裙、套袖、手套等。

8.2.6.3　应制定工作服的清洗保洁制度，必要时应及时更换，生产中应注意保持工作服干净完好。

8.2.6.4　工作服的设计、选材和制作应适应啤酒生产的要求；应合理选择工作服口袋的位置使用的连接扣件等，降低内容物或扣件掉落污染的风险。

8.2.7　虫害控制

8.2.7.1　生产区域在生产过程中不应使用化学或生物制剂进行虫害消杀，以避免对产品造成二次污染，不慎污染时，应及时彻底清洁，消除污染。

8.2.7.2　清洁剂、消毒剂、杀虫剂等物品应明确标识，并与产品及包装材料分隔存放。

8.2.8　废弃物处理

8.2.8.1　废弃物容器应加盖密闭。废弃物应日产日清，易腐败的废弃物应及时清除。清除废弃物后的容器应及时清洗，必要时进行消毒。

8.2.8.2　餐厨废弃油脂处理应按照相关规定执行。

9 原料、食品添加剂及其他

9.1 原辅料、包装物供应商档案

建立原辅料、包装物供应商档案，包括有效的营业执照、生产许可证（纳入许可证管理的产品）、第三方产品检测报告，进口产品应提供进出口检验检疫局出具的检验检疫证书和检验报告。

9.2 原辅料、包装物的检验或验证制度

原辅料及包装物等进货应采取检验或验证措施，以确保所采购的产品符合相关法律法规和质量的要求，经过验收合格后方可使用。

9.3 原料供应商的评价机制

生产企业应保证每年至少对关键原辅料的供方进行一次资格评价，并索取和保存供方的有效证明材料。

9.4 原料

9.4.1 麦芽等原料的贮存与生产处理操作，应符合相关食品安全国家标准的要求，不得使用腐败变质和真菌毒素、污染物、农残含量超标的原料。

9.4.2 啤酒花制品应在干燥、避光、适宜温度的环境中贮存。

9.4.3 啤酒酵母应符合相关规定，应制定严格的菌种管理操作制度，菌种保存、菌种扩培应按照制度严格执行并记录。

9.4.4 在发酵过程回收利用的二氧化碳，不作为食品添加剂管理。

9.5 食品添加剂及其他

9.5.1 使用的加工助剂等应符合 GB 2760 的要求。

9.5.2 贮存食品添加剂、洗涤剂、消毒剂等食品相关产品的工具和容器，应保持清洁、维护良好，并能提供必要的保护，避免污染。

9.5.3 食品添加剂、洗涤剂、消毒剂等食品相关产品贮藏应有专人管理，定期检查质量和卫生情况，及时清理变质或超过保质期的食品添加剂。

9.5.4 啤酒瓶（桶）、纸箱、瓶盖、两片罐等应符合国家相关标准要求，重复使用的啤酒瓶（桶），使用前应彻底清洗、消毒。

10 生产过程的安全控制

10.1 产品污染风险控制

10.1.1 应通过危害分析方法明确啤酒生产过程中的食品安全关键环节，如投料、粉碎、麦汁充氧、酵母接种等，并设立食品安全关键环节的控制措施。在关键环节所在区域，应配备相关的文件以落实控制措施，如配料（投料）表、岗位操作规程等。

10.1.2 鼓励采用危害分析与关键控制点体系（HACCP）对啤酒生产过程进行食

品安全控制。

10.2　生物污染的控制

10.2.1　清洁和消毒

10.2.1.1　应针对生产设备和环境制定有效的清洁消毒制度，降低微生物污染的风险。

10.2.1.2　清洁消毒制度应包括以下内容：清洁消毒的区域、设备或器具名称；清洁消毒工作的职责；使用的清洁、消毒剂；清洁消毒方法和频率；清洁消毒效果的验证及不符合的处理；清洁消毒工作及监控记录。

10.2.1.3　应确保实施清洁消毒制度，如实记录；及时验证消毒效果，发现问题及时纠正。

10.2.2　加工过程的微生物监控

10.2.2.1　工坊啤酒厂

可建立啤酒加工过程的微生物监控程序，包括生产环境的微生物监控和过程中的微生物监控，参见 GB 8952—2016 附录 B。

10.2.2.2　啤酒工坊/餐饮店/酒吧要求

应制定微生物监控程序，宜定期委托第三方进行微生物检测，确保生产环境及生产过程微生物的有效监控。

10.3　化学污染的控制

10.3.1　应建立防止化学污染的管理制度，分析可能的污染源和污染途径，制定适当的控制计划和控制程序。

10.3.2　应当建立食品添加剂和食品工业用加工助剂的使用制度，按照 GB 2760 的要求使用食品添加剂。

10.3.3　不得在啤酒酿造中添加食品添加剂以外的非食用化学物质和其他可能危害人体健康的物质。

10.3.4　生产设备上可能直接或间接接触食品的活动部件若需润滑，应当使用食用油脂或能保证食品安全要求的其他油脂。

10.3.5　建立清洁剂、消毒剂等化学品的使用制度。除清洁消毒必需和工艺需要，不应在生产场所使用和存放可能污染食品的化学制剂。

10.3.6　食品添加剂、清洁剂、消毒剂等均应采用适宜的容器妥善保存，且应明显标示、分类贮存；领用时应准确计量、做好使用记录。

10.3.7　应当关注酿造过程中可能产生有害物质的情况，鼓励采取有效措施减低其风险。

10.4　物理污染的控制

10.4.1　应建立防止异物污染的管理制度，分析可能的污染源和污染途径，并制定相应的控制计划和控制程序。

10.4.2 应通过采取设备维护、卫生管理、现场管理、外来人员管理及加工过程监督等措施最大程度地降低食品受到玻璃、金属、塑胶等异物污染的风险。

10.4.3 采取设置筛网、捕集器、磁铁、金属检查器等有效措施降低金属或其他异物污染啤酒酿造的风险。

10.4.4 当进行现场维修、维护及施工等工作时，应采取适当措施避免异物、异味、碎屑等污染啤酒产品。

10.5 包装

10.5.1 回收瓶（桶）应经过洗瓶（桶）并检查（验瓶/桶）合格后方可进行灌装。

10.5.2 应建立有效的灌装清洗及消毒方法和制度，确保灌装场所、设备、管路清洁卫生。

10.5.3 与产品直接接触的材料应符合相关标准，产品包装应能在正常的贮存、运输、销售条件下最大限度地保护产品的安全性和品质，使用包装材料时应核对标识，避免误用。

10.6 安全生产

应建立对人员、设备和环境的安全防护措施、制度及相应记录。

11 质量要求

11.1 理化卫生指标及感官要求

符合 GB/T 4927 或选择执行的团体标准或备案的企业标准的要求。

11.2 净含量

符合《定量包装商品计量监督管理办法》要求。

11.3 标识

预包装产品的标识应符合 GB 2758 和 GB 7718 的规定。

包装储运图示标志应符合 GB/T 191 的要求。

12 检验

12.1 应通过自行检验或委托具备相应资质的啤酒检验机构对原料和产品进行检验，建立啤酒出厂检验记录制度。

12.2 自行检验应具备与所检项目适应的检验室和检验能力；由具有相应资质的检验人员按规定的检验方法检验；检验仪器设备应按期检定。

12.3 检验室应有完善的管理制度，妥善保存各项检验的原始记录和检验报告。应建立产品留样制度，及时保留样品。

12.4　应合理确定检验项目和检验频次。净含量、感官等项目的检验频次应大于其他检验项目。

12.5　工坊/餐饮店/酒吧应通过定期自行检验、或委托具备相应资质的啤酒检验机构对原料和产品进行抽查检验，建立产品检验记录制度。

13　产品的贮存和运输

13.1　成品的贮存和运输

13.1.1　搬运产品时，应轻拿轻放，不得扔摔，应避免撞击和挤压。

13.1.2　产品不得与有毒、有害、有腐蚀性、易挥发或有异味的物品混装、混贮、混运。

13.1.3　产品宜在5~25℃下运输和贮存。或根据产品特性以及保质期等要求，选择合适的运输和贮存方式。

13.1.4　产品宜贮存于阴凉、干燥、通风的库房中；不得露天堆放，严防日晒、雨淋；不得与潮湿地面直接接触。

13.2　散装啤酒的贮存和运输

13.2.1　应在能够保温、保压、可进行原位清洗（CIP）的密闭容器中运输，密闭容器应设有食品安全防护措施。

13.2.2　应制定有关密闭容器的食品安全管理制度，定期对槽罐内啤酒进行采样检验，确保符合相关标准要求，应定期对槽罐进行清洗灭菌，并验证清洗效果，做好有关检查检验记录。

13.2.3　每个密闭容器应随车携带食品安全跟踪记录设备，记录槽罐出入口上锁、清洗、卫生检查等信息。

13.2.4　半成品在密闭容器内贮存时间最长不应超过3d，温度不应超过10℃。

13.3　桶装啤酒售卖

13.3.1　应安装桶装啤酒售卖装置，并定期清洗消毒。

13.3.2　背压使用的二氧化碳、氮气或其他气体，连接用的塑胶管道等与啤酒直接或间接接触的物品，应为符合相应食品安全国家标准的产品。

13.3.3　盛放产品的容器（如酒炮、啤酒杯）应及时清洗消毒，防止交叉传染。

13.3.4　产品售卖前，应进行感官检查和品评。严禁售卖过期产品。

14　产品召回管理

14.1　应根据国家有关规定建立啤酒产品召回制度。

14.2　当发现生产的产品不符合食品安全标准或存在其他不适于饮用的情况时，应当立即停止生产，召回已经上市销售的啤酒产品，通知相关生产经营者和消费者，并记录召回和通知情况。

14.3 对被召回的啤酒，应当进行无害化处理，防止其再次流入市场。对因标签、标识不符合食品安全标准而被召回的啤酒产品，应采取能保证食品安全、且便于重新销售时向消费者明示的补救措施。

14.4 应合理划分记录生产批次，采用产品批号等方式进行标识，便于产品追溯。

15 培训

15.1 应建立啤酒生产相关岗位的培训制度，对员工以及相关岗位的从业人员进行相应的食品安全知识培训。

15.2 应通过培训促进员工遵守食品安全相关法律法规标准和执行各项食品安全管理制度的意识和责任，提高相应的认知水平。

15.3 应根据啤酒生产不同岗位的实际需求，制定和实施食品安全年度培训计划并进行考核做好培训记录。

15.4 食品安全相关的法律法规标准更新时，应及时开展培训。

15.5 应定期审核和修订培训计划，评估培训效果，并进行常规检查，以确保培训计划的有效实施。

16 管理制度和人员

16.1 应配备食品安全专业技术人员、管理人员，并建立保障食品安全的管理制度。

16.2 食品安全管理制度应与啤酒生产规模、工艺技术水平和食品的种类特性相适应，应根据生产实际和实施经验不断完善食品安全管理制度。

16.3 管理人员应了解食品安全的基本原则和操作规范，能够判断潜在的危险，采取适当的预防和纠正措施，确保有效管理。

16.4 建立食品安全自查管理制度和食品安全事故处理制度，制定食品安全事故处置方案；定期开展食品安全自查活动和食品安全风险隐患排查活动，加强相关人员应急处理知识和业务技能的培训。

16.5 从事生产的生产技术质量人员应经过本企业或专业培训机构培训、考核合格，并取得相应培训证书或啤酒酿造从业资格证书。

17 记录和文件管理

17.1 应建立记录制度，对生产中采购、加工、贮存、检验、销售等环节详细记录。记录内容应完整、真实，确保对产品从原料采购到产品销售的所有环节都可进行有效追溯。

17.2 如实记录原料、食品添加剂和包装材料等啤酒生产相关产品的名称、规格、数量、供货者名称及联系方式、进货日期等内容。

17.3 应如实记录生产过程（包括工艺参数、微生物监测等）、产品贮存情况及产品的检验批号、检验日期、检验人员、检验方法、检验结果等内容。

17.4 如实记录出厂产品的名称、规格、数量、生产日期、生产批号、购货者名称及联系方式、检验合格单、销售日期等内容。

17.5 应如实记录发生召回的食品名称、批次、规格、数量、发生召回的原因及后续整改方案等内容。

17.6 原料、食品添加剂和包装材料等啤酒生产相关产品进货查验记录、出厂检验记录应由记录和审核人员复核签名，记录内容应完整。不得少于产品保质期满后六个月；没有明确保质期的保存期限不得少于2年。

17.7 应建立客户投诉处理机制。对客户提出的书面或口头意见、投诉，应作记录并查找原因，妥善处理。

17.8 应建立文件的管理制度，对文件进行有效管理，确保各相关场所使用的文件均为有效版本。

17.9 鼓励采用先进技术手段（如电子计算机信息系统），进行记录和文件管理。

参考文献

［1］约翰·马利特著，杨智，贾巍，杨平译. 麦芽—啤酒酿造制麦指南［M］. 北京：中国轻工业出版社，2019.

［2］斯坦·希罗尼穆斯著，崔云前译. 酒花—啤酒酿造风味指南［M］. 北京：中国轻工业出版社，2019.

［3］约翰·帕尔默，科林·卡明斯基著，杨江科，杨禹译. 水—啤酒酿造用水指南［M］. 北京：中国轻工业出版社，2019.

［4］克里斯·怀特，贾米尔·赞那谢菲著，马长伟，李知洪译. 酵母—啤酒酿造菌种指南［M］. 北京：中国轻工业出版社，2019.

［5］程殿林，曲辉. 啤酒生产技术［M］. 2版. 北京：化学工业出版社，2010.

［6］管敦仪. 啤酒工业手册［M］. 2版. 北京：中国轻工业出版社，2015.

［7］关苑，同林峰，童忠东. 啤酒生产工艺与技术［M］. 北京：化学工业出版社，2014.

［8］宗绪岩. 啤酒工艺学［M］. 北京：化学工业出版社，2010.

［9］王福源. 现代食品发酵技术［M］. 北京：中国轻工业出版社，1998.

［10］谢馨仪. 精酿啤酒赏味志［M］. 北京：光明日报出版社，2014.

［11］高岩. 喝自己酿的啤酒［M］. 郑州：中原出版传媒集团，2011.

［12］B. 范霍夫. 啤酒百科全书［M］. 青岛：青岛出版社，2011.

［13］兰迪·穆沙. 啤酒圣经［M］. 北京：机械工业出版社，2014.

［14］银海. 牛啤经：精酿啤酒终极宝典［M］. 郑州：中原农民出版社，2016.

［15］藤原宏之. 啤酒市集［M］. 北京：金城出版社，2011.

精酿啤酒
酿造技术

CRAFT BEER BREWING
TECHNOLOGY

上架建议：酿酒

了解更多...

轻工教学服务网二维码

ISBN 978-7-5184-2786-4

9 787518 427864 >

定价：48.00 元